Mastercam 2020 造型与数控加工案例教程

苏伟宏　李　锋　主　编
秦忠宝　王建军　副主编

U0231264

化学工业出版社

·北京·

内 容 简 介

本书以练习实例和应用范例为主线，以 Mastercam 2020 为蓝本，详细介绍了 Mastercam 软件在三维造型与数控加工方面的典型应用。本书结构严谨、内容丰富、条理清晰，具有实用性与先进性并举的特点，是一本很好的 Mastercam 应用指导教程和参考手册。

本书可作为各高等应用类院校、职业技术学院、技师学院/高级技工学校及参加各类数控技能大赛人员的培训教材。

图书在版编目（CIP）数据

Mastercam 2020 造型与数控加工案例教程/苏伟宏，
李锋主编. —北京：化学工业出版社，2023.2
ISBN 978-7-122-42503-4

Ⅰ.①M… Ⅱ.①苏…②李… Ⅲ.①数控机床-加工-计
算机辅助设计-应用软件-教材 Ⅳ.①TG659.022

中国版本图书馆 CIP 数据核字（2022）第 208195 号

责任编辑：王 烨 文字编辑：陈小滔 温潇潇
责任校对：张茜越 装帧设计：刘丽华

出版发行：化学工业出版社（北京市东城区青年湖南街 13 号 邮政编码 100011）
印 装：高教社（天津）印务有限公司
787mm×1092mm 1/16 印张 15¾ 字数 392 千字 2023 年 6 月北京第 1 版第 1 次印刷

购书咨询：010-64518888 售后服务：010-64518899
网 址：http://www.cip.com.cn
凡购买本书，如有缺损质量问题，本社销售中心负责调换。

定 价：69.00 元

前言

　　随着数控加工技术的发展， CAD/CAM 软件在机械制造业中的应用越来越广泛，为制造业的快速发展奠定了坚实的基础。作为常见的 CAD/CAM 软件之一， Mastercam 软件以高效、易学易用等特点，在零件的加工生产中得到了广泛的应用。

　　本书通过 Mastercam 2020 基础知识、二维图形的造型设计与编辑、三维曲面造型设计与编辑、三维实体造型的设计与编辑、二维铣削加工、三维铣削加工、车削加工七个模块，详细地介绍了软件各项功能的实际应用。本书编写人员均为"双师型"教师，他们在实际工作中积累了丰富的工程实践及教学经验。本书在编写过程中力求语言精练、论述清晰、图文并茂，具有实用性与先进性并举的特点及紧扣生产实际的鲜明特色。

　　本书可作为各高等应用类本科院校、职业技术学院、技师学院/高级技工学校及参加各类数控技能大赛人员的培训教材。

　　本书由深圳技术大学苏伟宏、陕西航天职工大学李锋主编，火箭军工程大学秦忠宝、陕西工业职业技术学院王建军副主编，陕西航天职工大学王文超参与编写。在本书的编写过程中，还得到了北京昊威科技有限公司刘冬青、岳宗波、孙素艳的支持。在此一并表示衷心感谢！

　　由于作者水平有限，书中疏漏之处敬请同行及读者不吝指正。

主编

2023 年 1 月

目录

第**1**章

Mastercam 2020
基础知识

1.1 Mastercam 2020 软件

1.1.1 软件简介

Mastercam 2020 是美国 CNC Software 公司研发的基于 PC 平台的一体化 CAD/CAM 软件，在 Windows 视窗环境下使用。Mastercam 2020 以其优良的性价比、常规的硬件要求、稳定的运行效果、易学易用的操作方法等特点，成为目前世界上应用非常广泛的计算机辅助制造类软件，它可以用于数控车床、数控铣床、数控镗床、加工中心和数控线切割等机床的辅助制造，广泛应用于模具制造、机械加工、电子、汽车、航空、航天、航海等民用以及军工行业。

Mastercam 2020 是集二维绘图、三维实体造型、曲面设计、体素拼合、数控编程、刀具路径模拟及真实感模拟等多种功能于一身的软件，具有方便直观的零件几何造型和刀具路径编辑等优点。Mastercam 2020 提供了设计零件外形所需的理想环境，其强大稳定的造型功能可设计出复杂的曲线、曲面零件。Mastercam 9.0 以上版本支持中文环境，性价比良好，是经济有效的全方位的自动编程软件，对广大的大中小企业来说是理想的选择，已成为工业界及学校广泛采用的 CAD/CAM 系统。

Mastercam 2020 作为一个 CAD/CAM 集成软件，包括设计（CAD）和加工（CAM）两大部分。其中设计（CAD）部分主要由 Design 模块来实现，具有完整的曲线曲面绘制功能，不仅可以设计和编辑二维、三维空间曲线，还可以生成方程曲线；采用 NURBS、PARAMETERICS 等数学模型，可以以多种方法生成曲面，并具有丰富的曲面编辑功能。加工（CAM）部分主要由 Mill、Lathe、Wire、Art、Router 等多种模块组成，其中 Mill 模块可以用来生成铣削加工刀具路径，并可进行外形铣削、型腔加工、钻孔加工、平面加工、曲面加工以及多轴加工等多种加工策略；Lathe 模块可以用来生成车削加工刀具路径，并可进行粗/精车、切槽以及车螺纹加工策略；Wire 模块用来生成线切割激光加工路径，从而能高效地编制出任何线切割加工程序，可进行 2～4 轴上下异形加工，并支持各种 CNC 控制器。

Mastercam 2020 具有强劲的曲面粗加工及灵活的曲面精加工功能。Mastercam 2020 提供了多种先进的粗精加工技术，以提高零件加工的效率和质量。Mastercam 2020 的多轴加工功能，为零件的加工提供了更多的灵活性。可靠的刀具路径校验功能，使 Mastercam 2020 可模拟零件加工的整个过程，模拟中不但能显示刀具和夹具，还能检查刀具和夹具与被加工零件的干涉、碰撞情况。Mastercam 2020 提供多种后置处理文件以适用于各种类型的数控系统，例如常用的 FANUC 系统。Mastercam 2020 根据机床的实际结构，编制专门的后置处理文件，编译的 NCI 文件经后置处理后便可生成加工程序。

Mastercam 2020 的强项在于数控加工，其简单易用，产生的 NC 程序简单高效。与同类产品相比，其在 2D 加工方面较为突出；在曲面加工和多轴加工方面，Mastercam 2020 版也有明显的优势，在通用数控加工中处于领先地位。

Mastercam 2020 对硬件的要求不高，在一般配置的计算机上就可以运行，且操作灵活，界面友好，易学易用，适用于大多数用户。对机械设计与加工人员来说，学习 Mastercam 是十分必要的。

1.1.2 功能特点

Mastercam 2020 把 CAD 和 CAM 这两大功能综合在了一起，为用户提供了相当多的模块，其中有设计（Design）、铣削（Mill）、车削（Lathe）、线切割（Wire）等。Mastercam 2020 具有以下特点：

① Mastercam 2020 在操作方面，采用了目前流行的"窗口式操作"和"以对象为中心"的操作方式，使操作效率大幅度提高。

② Mastercam 2020 在设计方面，单体模式可以选择"曲面边界"选项，可动态选取串连起始点，增加了工作坐标系 WCS，而在实体管理器中，可以将曲面转化成开放的薄片或封闭实体等。

③ Mastercam 2020 除了可产生 NC 程序外，其本身也具有 CAD 功能（2D、3D、图形设计、尺寸标注、动态旋转、图形阴影处理等功能），可直接在系统上制图并转换成 NC 加工程序，也可将用其他绘图软件绘好的图形，经由一些标准的或特定的转换文件如 DXF 文件（Drawing Exchange File）、CADL 文件（CADkey Advanced Design Language）及 IGES 文件（Initial Graphic Exchange Specification）等转换到 Mastercam 中，再生成数控加工程序。

④ Mastercam 2020 在加工方面，刀具路径重新计算中，除了更改刀具直径和刀角半径需要重新计算外，其他参数并不需要更改。在打开文件时可选择是否载入 NCI 资料，可以大大缩短读取大文件的时间。

⑤ Mastercam 2020 是一套以图形驱动的软件，应用广泛，操作方便，而且它能同时适配业内通用的数控系统和加工设备，如 FANUC、Siemens、发格、华中等数控系统，以便将刀具路径文件（NCI）转换成相应的 CNC 控制器上所使用的数控加工程序（NC 代码）。

⑥ Mastercam 2020 能预先依据使用者定义的刀具、进给率、转速等，模拟刀具路径和计算加工时间，也可将 NC 加工程序（NC 代码）转换成刀具路径图。

⑦ Mastercam 2020 系统设有刀具库及材料库，能根据被加工工件材料及刀具规格尺寸

自动确定进给率、转速等加工参数。

⑧ Mastercam 2020 还能提供 RS-232C 接口通信功能及 DNC 功能。

运用 Mastercam 2020 软件，用户可以轻松完成产品制造过程的三大核心环节，即产品设计（利用软件的 CAD 功能辅助实现）—工艺规划—制造（利用软件的 CAM 功能辅助实现），实现加工过程优化。

Mastercam 2020 用户利用 CAD 功能创建一个新模型或调用已有的零件模型，接下来进行加工参数的设置，比如选择刀具、选择机床、工件设置等，这些设置都是在用户的指引下完成的，也就是说软件不能自动完成这些专业性很强的设置与选择，需要由用户按自己的专业知识亲自指定。Mastercam 2020 系统设有刀具库和材料库，能根据被加工工件材料及刀具规格尺寸自动确定工艺参数（如切削速度、进给率等），也可人为设定。软件根据用户所设置的以上参数，利用自带的适合目前国际上通用的各种数控系统的后处理程序文件，将刀具路径文件（NCI）转换成相应的 CNC 控制器上所使用的对应的数控加工程序，可进行实体切削验证，模拟真实加工过程，及时发现问题，修改参数，避免损失。然后软件将修改后的 G 代码通过 PC 机传输给与之连接的数控机床，数控机床将按照程序进行加工，从而实现辅助加工。

使用 Mastercam 软件可实现 DNC（直接数控）加工。DNC 是指用一台计算机直接控制多台数控机床，其是实现 CAD/CAM 的关键技术之一。对于较大型的加工工件，处理的数据多，所生成的程序长，数控机床的磁泡存储器已不能满足程序量的要求，这样就必须采用 DNC 加工方式，利用 RS-232C 串行接口，将计算机和数控机床连接起来。利用 Mastercam 附带的通信功能，减少对机床控制器内存容量的依赖，经大量的实践，用 Mastercam 软件编制复杂零件的加工程序极为方便，而且能对加工过程进行实时仿真，真实反映加工过程中的实际情况。

1.1.3 系统运行环境

Mastercam 2020 是一款强大的设计和加工编程软件，具备相应的实体仿真功能。它不仅可以编制复杂零件的加工程序，而且可以模拟零件加工的整个过程，真实反映加工过程中的实际情况。Mastercam 对电脑系统运行环境要求较低，所以无论是在造型设计、CNC 铣床、车床还是线切割等加工操作中，都能获得最佳效果。Mastercam 2020 系统运行环境具体配置要求见表 1-1。

表 1-1　Mastercam 2020 系统运行环境具体配置要求

项目	最低配置	推荐配置
操作系统	Windows7、Windows8.1、Windows10、64-bite professional	Windows7、Windows8.1、Windows10、64-bite professional
显存	1G 独立显卡	NVIDIA Quadro 绘图显卡 2G 显存
CPU	Inter 或 AMD64-bite 处理器频率 2.4GHz 以上	Inter 17 或 Xeon E3 处理器频率 3.2GHz 以上
硬盘	20G 以上	固态硬盘 20G 以上
运行内存	8G	32G
显示器分辨率	1920×1080	1920×1080

1.1.4 软件的安装

① 在安装文件里双击红色矩形框内文件，选择"以管理员身份运行"，如图 1-1 所示。

图 1-1　软件安装文件存放位置

② 在弹出的对话框中，选择所需语言，点击"确定"按钮，如图 1-2 所示。

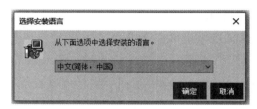

图 1-2　语言选择

③ 在弹出的对话框中，点击红色矩形框内选项，如图 1-3 所示。

④ 在弹出的如图 1-4 所示的界面中，选择"安装"，矩形框内为插件的内容，可以一起安装也可以后续添加，点击"下一步"按钮。

图 1-3　安装 Mastercam 2020

图 1-4　安装选项选择

⑤ 图 1-5 所示的对话框中"配置"选项可以更改安装路径位置，建议使用默认方式，点击"下一步"继续安装。

⑥ 选择软件的安装位置，单击"完成"按钮，如图 1-6 所示。

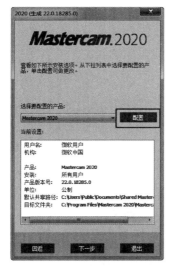

图 1-5　安装配置选择

图 1-6　安装信息输入

⑦ 弹出协议对话框，接受许可协议，并单击"下一步"按钮，进入安装界面，如图 1-7 所示。

⑧ 这款安装文件比较大，耐心等待安装完成，如图 1-8 所示。

⑨ 安装完成后会显示如图 1-9 所示界面，表示安装完成。

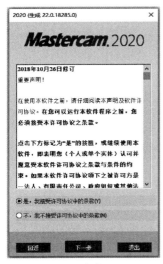

图 1-7　安装界面

图 1-8　安装进行中

图 1-9　安装完成

1.1.5　软件的运行

Mastercam 2020 软件安装完成后，用户需要配合正版软件许用许可授权，方可正常使用。用户可以通过以下 3 种方式运行 Mastercam 2020：

① 双击桌面上的 Mastercam 2020 快捷方式图标。

② 双击安装目录下的程序运行文件。

③ 点击"开始"—"程序"—"Mastercam 2020"。

打开 Mastercam 2020 后，进入系统默认的主界面，如图 1-10 所示。

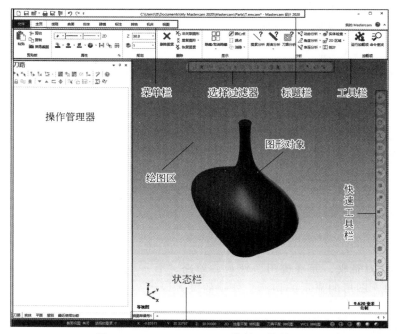

图 1-10　Mastercam 2020 软件工作界面

1.2　Mastercam 2020 的工作界面

1.2.1　Mastercam 2020 工作界面组成

Mastercam 2020 工作界面组成如图 1-10 所示。该界面主要包括标题栏、菜单栏、工具栏、绘图区、快速工具栏、操作管理器、选择过滤器、状态栏等部分。

1.2.2　Mastercam 2020 工作界面各部分功能

（1）标题栏

标题栏位于屏幕窗口最上面一行，用于显示当前使用的模块、当前打开文件的路径及文件名称。与 Windows 窗口的作用一样，可以进行窗口的缩放与移动。

（2）菜单栏

标题栏下面一行就是菜单栏。菜单栏包含了 Mastercam 所有的命令，包含"文件""主页""线框""曲面""实体""建模""标注""转换""机床""视图"10 个菜单，每一个菜单都有其下拉菜单，都可以逐级展开进行相应命令的选择。

① 文件。包括文件的新建、文件打开、保存、另存为、打印、退出软件等常用命令。

② 主页。包括剪切板、属性、规划、删除、显示、分析和加载项等常用命令，主要用于绘图设置、图形分析和图形的复制粘贴等操作。

③ 线框。包括所有的二维绘图命令，如点、线、圆弧（圆）、矩形、多边形、椭圆、样条曲线等，此外还包括了三维曲面的所有构件命令与编辑命令，主要用于二维图形以及三维图形草图的绘制与编辑。

④ 曲面。分为基本曲面、创建、修剪和法向四个功能模块，主要用于各种曲面的创建和编辑修改。

⑤ 实体。分为基本实体、创建、修剪、工程图四大功能模块，主要用于实体的造型与编辑。

⑥ 建模。分为创建、建模编辑、修剪、布局、颜色五大功能模块，主要用于模型的建立和编辑。

⑦ 标注。分为尺寸标注、纵标注、注释、重新生成和修剪五大功能模块，主要用于图形的尺寸标注与编辑。

⑧ 转换。分为位置、补正、布局和比例四大功能模块，主要用于图形的位置、布局和比例等方面的转换与调整。

⑨ 机床。分为机床类型、机床设置、模拟、后处理、加工报表、机床模拟和自动刀路等功能模块，主要用于机床类型的选择、机床的设置、生成后处理程序和机床仿真模拟加工等。

⑩ 视图。分为缩放、屏幕视图、外观、刀路、管理、显示、网格、控制和视图单等功能模块，主要包含图形的显示的切换、外观的设置切换、坐标系切换和刀路切换等命令。

（3）工具栏

工具栏位于菜单栏的下一行，以图标的形式显示菜单栏中常用的命令。启动的模块不同，工具栏的命令图标也不尽相同。它其实就是常用菜单项的快捷键，为用户提供一种快捷的工作方式。需要注意在工具栏里面有一些小三角符号，这些小三角符号可以展开隐藏的命令。

（4）绘图区

绘图区用于绘制和显示 Mastercam 2020 创建的二维或三维几何图形、刀具路径、模拟加工过程，也称为工作区。其背景颜色默认为银灰渐变色，也可通过菜单栏"系统设置"进行修改。

（5）快速工具栏

快速工具栏位于绘图区的右侧，主要用于绘图中快速选择曲面、曲线和实体，功能分别有按标注选择图素、按群组选择图素、按颜色选择图素、按层别选择图素和清除全部图素，这些快捷命令主要是方便用户快捷绘图操作。

（6）操作管理器

操作管理器位于绘图区的左侧，包括刀具路径、实体、平面、层别和最近使用功能五个选项卡。单击操作管理器下方的管理器选项卡可以切换操作管理器的显示画面。用户可通过菜单栏的"视图"—"管理"—"刀路""实体""平面""层别"和"最近使用功能"等命令来显示和关闭操作管理器。

（7）选择过滤器

选择过滤器位于工具栏的正下方，包括实体的边、面和抓点选择功能。主要用于在绘图中选择实体的边或面以及绘图中各种点的捕捉，选择过滤器能够方便快捷绘图。

（8）状态栏

状态栏位于绘图区的下方，依次有 2D/3D 选择、屏幕视角、平面、工作深度、层别、颜色、点型、线型、线宽、坐标系、群组设置。单击每一部分都会弹出相应的菜单，从而进行相应的设置修改。状态栏主要用于显示绘图区的实时状态。

1.3 Mastercam 2020 基本操作

1.3.1 图素串连和选择

在 Mastercam 2020 软件绘图中图素串连非常常见，串连选择实际上是对首尾相接的直线、圆弧、曲线等图素进行选择的一种方法。选择图素时需要按照指定的顺序和方向进行选择，也可以单击换向按键进行选择方向的改变，如果选择有误，也可以按键盘上的取消键取消图素选择，重新进行图素选择。

图素分为点、直线、圆弧、曲线、曲面和实体六种。串连的对象分为点、直线、圆弧和曲线，串连对象没有曲面和实体。

串连的类型通常分为开式和闭式两种，开式是串连的起点和终点不重合，也就是选择的图素首尾不相接。闭式串连的起点和终点重合，首尾相接，选择后形成的是一个封闭的图形。

串连的方向是在用串连选择图形时，在图形上出现一个箭头，表示串连的方向，可以根据要求用换向按键更改串连的方向。

图素选择的方法有以下几种：

① 串连选择。用来定义一个或多个图素的边界，若选择此项，或弹出下一级菜单，根据子菜单再选择。

② 窗口选择。采用鼠标拉窗口的办法选择图素，通常有矩形和多边形两种选择方法。窗口选择也有下一级菜单，根据要求选择子菜单操作。窗口选择只串连在当前构图平面和构图深度里的图素。

③ 面域选择。在一封闭面内选择一点作为起始搜索点，系统根据选择项中的相关设置、排序确定图素的串连方法。只串连在当前构图平面和构图深度里的图素。

④ 单一选择。选择一个单一图素，其下一级菜单只有串连方式和选项设置。

⑤ 部分选择。部分选择可以让用户在一些首尾相接的图素中只选择其中一部分图素形成串连。

图素的选择主要用在二维、三维图形编辑和刀具路径编辑过程中，在使用 Mastercam 2020 软件时要用合适的方法选择图素。

1.3.2 点的捕捉

在图形的绘制和编程过程中，我们经常要用到指定点，如绘制直线时需要指定端点，绘制圆时需要指定圆心，绘制相切图形时需要指定切点，钻孔时需要选择钻孔圆心点，设置构图面深度时也可以在图形上选择点。点的构建常用于定义图素的位置，如直线的端点、圆弧的圆心点、直线的中心点等。需要指定点时，在 Mastercam 2020 软件"选择过滤器"中打开如图 1-11 所示的抓点方式菜单，可以选取需要的选项来构建所需要的点。图 1-11 采用的是"四等分点"命令绘制四个小圆，用"四等分点"命令捕捉圆心点。

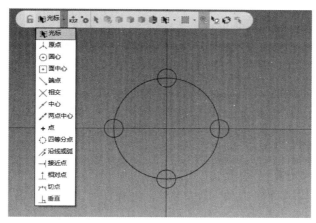

图 1-11　抓点方式菜单

Mastercam 2020 软件中的抓点方式菜单包括原点、圆心、面中心、端点、相交、中心、两点中心、点、四等分点、沿线或弧、接近点和相对点等命令。

原点：在当前工作坐标系原点位置产生点，选择原点命令后在绘图区任意位置点击即可捕捉到坐标系的原点。

圆心：圆弧、圆或圆锥曲线的圆心点。选择圆心命令，单击圆弧、圆或曲线即可捕捉到圆心点。

面中心：需要在实体的某个面的中心位置绘制图形时，可以采用面中心命令捕捉需要的点。

端点：绘制图形时在线段的端点位置上捕捉点。将鼠标移到线段需要的一端附近单击即可。

相交：需要在两图素相交位置绘制图形时，可以采用相交命令捕捉相交点。

中心：需要在某图素中点位置绘制图形时，可以采用中心命令捕捉中心点。

两点中心：需要在两个指定点的中心位置绘制图形时，点击两点中心命令，指定两点后，绘图区将自动捕捉两点之间的中点。

点：需要在绘图区捕捉某个点时，可以采用点命令捕捉需要的点。

四等分点：需要在圆的整周 0°、90°、180°和 270°四个位置绘制图形时，可以采用四等分点命令捕捉圆的四等分点。

沿线或弧：以线段或圆弧为选择目标，选择线段或圆弧后，在"操作管理器"中的长度文本框中输入相对当前的长度距离，设置长度后系统会自动调整需要的点位置。

接近点：需要在绘图区捕捉某个图素的最近点时，可以采用"接近点"命令捕捉需要的最近点。

相对点：相对于已知点一定距离的点。相对点不能单独使用，必须配合其他建点模式一起使用。

1.3.3　层别管理

层别功能可以使我们在绘制图形时区别不同的图素，相同的图素放在一类，随时关闭和打开图素，不至于所有的图素都在一个界面，要选择的时候分不清楚。灵活运用层别功能可以给我们工作带来极大的便利，以及提高工作效率，减少眼睛疲劳，如图1-12所示。

（1）新建层别

在操作管理器中的层别管理器中，单击 ✚ 添加新层别按钮，系统就会在层别管理器中当前最大的层别号后面添加一组层别，并对"名称"进行设置，在绘图区选择此层别需要放置的层别，并粘贴在该位置处，随后就可以对此层别进行打开与关闭操作。

（2）设置主层别

在层别管理器中，如果需要对主层别进行修改，用鼠标在需要设置的主层别上单击鼠标右键，系统会弹出层别设置选项，单击鼠标左键选择"设为主层"就可以完成主层别的设置。主层别设置，如图1-13所示。

图1-12　层别管理器

图1-13　层别设置

（3）定制层别列表

在层别管理器中，可以利用层别列表选项组中的选项"已使用""已命名""已使用或已命名"或"范围"来设置哪些层别将显示在"层别管理器"的层别列表中。此功能主要是管理层别管理器的显示方式，灵活运用层别管理器在绘图中特别方便。

（4）设置层别显示

我们绘制图形的过程中，经常会遇到绘图区的图素繁多，需要的图素不容易观察，在这个时候我们巧妙地运用层别管理中的层别开关，关闭不需要的层别，把这些图素隐藏起来。

单击层别管理器中需要关闭的层别中的 x 图标，就可以隐藏层别中的图素，需要打开此层别中图素时再单击一次层别显示开关按钮，就可以打开层别中的图素。在层别管理器中，单击"切换所有层别为打开"按钮，可以设置打开全部层别的"显示开关"，单击"切换所有层别为关闭"按钮，就可以关闭全部层别的"显示开关"，当前层别的设置不受约束。

1.3.4 坐标系选择

Mastercam 2020 软件中的坐标系是我们设计与加工的核心参考标准，正确理解坐标系和使用坐标系对我们设计与加工至关重要，坐标系显示与隐藏如图 1-14 所示。

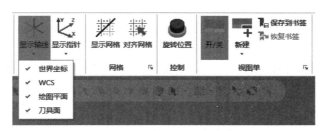

图 1-14　坐标系显示与隐藏

Mastercam 2020 软件中的坐标系分为世界坐标系、WCS（工作坐标系）、绘图平面和刀具平面，平面的选择如图 1-15 所示。

① 世界坐标系：世界坐标系永远存在，是其他坐标系的参照，且无法改变，处于最顶层。

② WCS（工作坐标系）：以系统坐标系为其参考原点的坐标系统，也是绘图平面坐标系和刀具平面坐标系的参考坐标系。在默认情况下与系统坐标系重合，处于第二层。WCS 坐标系可在视图管理器中更改，也可以点击功能菜单中的 WCS 进行更改，常用在图形文件转换时，当有些构图面和视角与 Mastercam 软件不兼容时，可将其图素转正。

③ 绘图平面：绘图平面也称为绘图平面坐标系，以 WCS 为其参考原点，包括建立空间绘图、俯视图、前视图、侧视图、视角号码、名称视角、图素定面、旋转定面和法线面等。

④ 刀具平面：设定表示数控机床坐标系的二维平面。

Mastercam 2020 软件中的坐标系使用情况会显示在状态栏，也可以在状态栏选择各坐标系的不同视图，如图 1-16 所示。

⑤ 视角平面：设定图形观察视角。

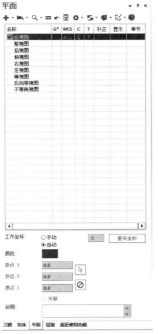

图 1-15　平面的选择

1.3.5 对象分析

Mastercam 2020 软件中的分析功能，在零件的设计与加工中非常常用，主要用于显示屏幕上的图素的有关信息，分析功能可以进行图素分析、距离分析、刀路分析、动态分析、角度分析和串连分析。

单击选择需要分析的图素，在菜单栏单击主页菜单选项，在主页菜单中的分析功能模块选择"图素分析"，系统就会弹出圆弧属性对话框，如图 1-17 所示。

1.3.6 图素选择方式

Mastercam 2020 软件中的图素选择方式有单体选择、串连选择、自动选择、矩形窗选、

图 1-16　绘图平面选择

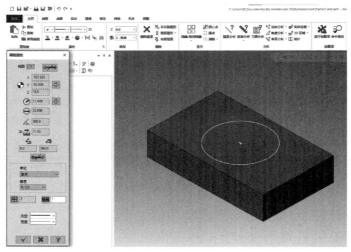

图 1-17　图素分析

多边形选择、向量选择、区域选择等。我们在用 Mastercam 2020 软件进行设计与加工时经常会用到图素的选择，图素的选择与我们从事设计与制造密不可分，软件中的图素选择方式多样，每一种图素选择方式都有各自的适用范围与特点，我们面对不同的设计与加工要求要灵活选择合适的图素选择方式，只有这样才能够提高设计与制造的效率和质量。图素的选择方式如图 1-18 所示。

图 1-18　图素选择方式

（1）单体选择

单体选择图素每次只能选取一个图素，主要用于多个图素相连并相切时，用户如果需要选取某一个单独的图素，就可以采用单体选择模式。如果用户需要选取的图素比较多，那么用单体选择图素的方法就比较麻烦，浪费时间，效率就不高。

（2）串连选择

当我们选取的图素较多，并且这些图素首尾相连时，我们就可以采用串连选择方式，只需要单击首尾相连的图素中任意一个图素，系统会自动以鼠标单击的图素为参考，把与鼠标单击图素相连的图素全部选中。串连选择主要用于实体设计以及刀具路径编辑时加工图形的选择，如图 1-19 所示。

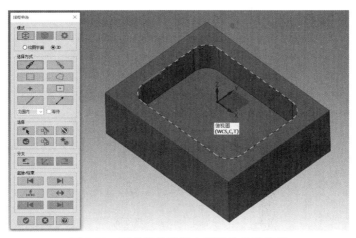

图 1-19　刀具路径编辑中图素的串连选择

（3）自动选择

自动方式是比较智能的一种图素的选择方式，其实就是单体选择和串连选择二者兼容并用的一种方式，此种方法选择图素比较灵活方便。

（4）矩形窗选

当选择的图素较多，这些图素之间并不是首尾串连的，用单体选择和串连选择都不合适，这时我们可以采用矩形窗选的方式选择图素。通常我们可以在系统弹出串连选项对话框模式下框选，也可以在选择过滤器里选取矩形窗选，矩形窗选的选择区域是有区别的，分为框内和框外，窗选类别栏的下拉菜单里有范围内、范围外、内＋相交、外＋相交和交点共五种类型可选择，如图 1-20 所示。

范围内：只选取矩形框内的图素。

范围外：只选取矩形框外的图素。

内＋相交：选择矩形框内的和与矩形框相交的图素。

外＋相交：选取矩形框外的和与矩形框相交的图素。

交点：只选中与矩形框相交的图素。

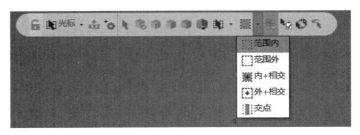

图 1-20　窗选类别选择

（5）多边形选择

当要选取的图素较多，这些图素之间没有形成串连，而且它们不集中在矩形框内时，我们可以多边形选择的方式选取图素，如图 1-21 所示。

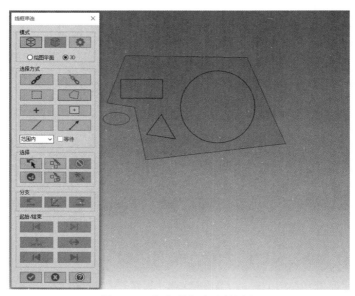

图 1-21　多边形方式选择图素

（6）区域选择

区域选择是指当用鼠标单击绘图区的某一位置时，系统会自动将此点所在的封闭范围内的所有图素全部选取。区域选择以点为中心，选择范围向四周以外延伸至外边界以及向四周以内延伸至内边界，那么需要注意的是内边界以内的图素是不被选中的，如图 1-22 所示。

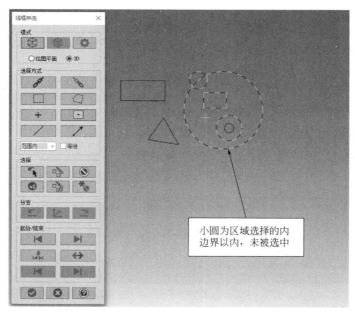

图 1-22　区域选择

（7）向量选择

向量选择是指用鼠标拉出一段或多段向量，凡是与向量相交的因素都被选中，与此图素串连的因素也会全部被选中。向量选择适合比较复杂的很多图素汇聚在一起的选择。向量选择图素，如图1-23所示。

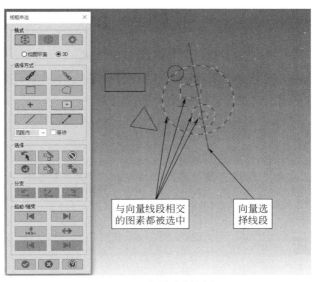

图 1-23　向量选择图素

1.3.7　构图平面及构图深度

（1）构图平面

构图平面是指绘制图形的二维平面，可以定义在三维空间任何位置。常用的构图平面有四种，即俯视图、前视图（相当于主视图）、侧视图（相当于右视图）和等视图。构图平面的选择在绘制图形时起着至关重要的作用，例如要绘制图1-24所示图形，构图平面就应该选择俯视图。绘制图1-25所示图形，应该选择构图平面为前视图。

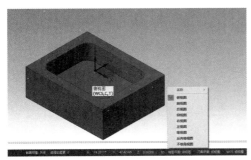

图 1-24　构图平面为俯视图

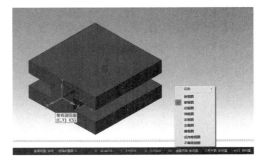

图 1-25　构图平面为前视图

（2）构图深度

当设置好构图平面后，构图平面的高度始终位于系统默认坐标系原点。如果需要在不同高度的构图平面上绘图，我们需要在状态栏设置构图平面的高度。任何构图平面的高度都由状态栏的 Z 选项文本框进行设置。高度设置文本框中输入不同的 Z 深度，则所绘制的图形在不同的与构图平面平行的平面上，其距离就是该构图平面距离坐标系原点的深度。设置构图平面的深度在绘图中非常常用，构图平面深度设置如图 1-26 所示。

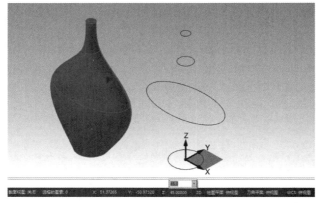

图 1-26　构图平面深度设置

1.4　系统设置

在 Mastercam 2020 软件中，系统设置功能可以对系统的一些属性进行预设置。在新建文件或打开文件时，Mastercam 2020 将按其默认配置来进行系统各属性的设置，在使用过程中也可以改变系统的默认配置。通常我们采用系统默认的参数设置就能够较好地完成各项工作，但有时也需要改变系统某些项目的设置，以便满足用户的某种需要。例如，我们对绘图区的默认背景色不感兴趣，可以将其换成白色（15 号色），相应地改变高亮显示颜色、图素选中颜色等。

在菜单栏单击文件菜单，在系统弹出的子菜单中单击"配置"命令，系统弹出系统配置对话框。我们按照绘图要求进行相应的设置，如图 1-27 所示。

1.4.1　公差设置

公差设置用于为曲线、曲面和串连图素等设置默认公差值，以控制曲线和曲面的光滑程度。公差设置选项卡如图 1-27 所示。

图 1-27　公差设置选项卡

1.4.2 屏幕设置

屏幕设置选项卡如图 1-28 所示，用于设置 Mastercam 系统的操作和显示外观，通常情况下采用系统默认设置。

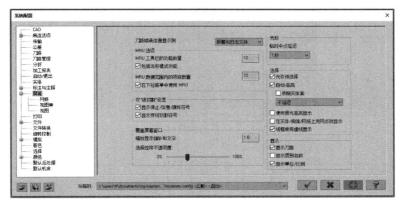

图 1-28　屏幕设置选项卡

1.4.3 颜色设置

颜色设置选项卡如图 1-29 所示，用于设置 Mastercam 2020 界面和图形的各种默认颜色，如绘图区的背景色、渐变色、栅格颜色和操作结果的图素显示颜色及刀具的颜色等。

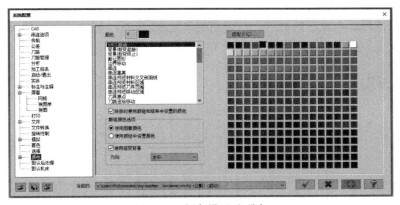

图 1-29　颜色设置选项卡

1.4.4 串连设置

串连设置选项卡如图 1-30 所示，用于设置决定串连操作的一系列参数值。将影响 Mastercam 的整个运行过程。

1.4.5 着色设置

着色设置选项卡如图 1-31 所示，用于设置曲面（包括实体表面）在着色效果下的表现效果。

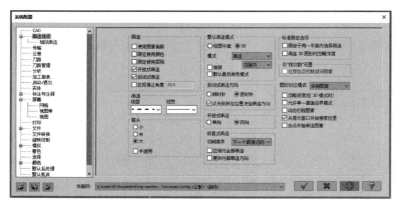

图 1-30   串连设置选项卡

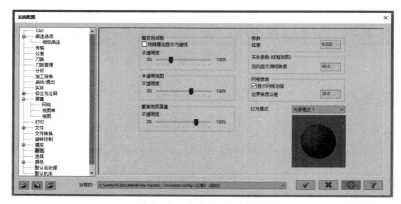

图 1-31   着色设置选项卡

1.4.6   实体设置

实体设置选项卡如图 1-32 所示，用于设置实体的生成和显示的控制参数。例如，在实体管理器中可以设置新的实体操作的位置和实体在刀具路径操作之前还是之后的按顺序的排列。

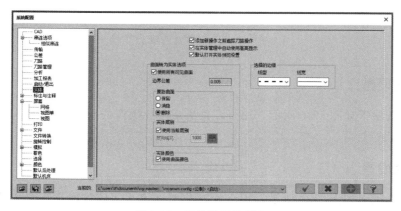

图 1-32   实体设置选项卡

1.5 文件管理

1.5.1 新建文件

在 Mastercam 2020 软件中，有两种方法可以实现文件的新建。

① 单击标题栏的新建图标按钮 ，系统会自动跳至新建文件工作环境。

② 单击菜单栏的文件菜单，在系统弹出的子菜单中单击"新建"命令，即可创建一个新的绘图工作环境。

1.5.2 打开文件

在 Mastercam 2020 软件中，打开有效的文件有两种途径。

① 单击标题栏的新建图标按钮 ，系统会弹出文件打开路径选择对话框，在打开文件路径对话框中选择需要打开文件的储存位置，单击 打开(O) 按钮，系统会自动进入打开文件的操作界面，如图 1-33 所示。

② 单击菜单栏的文件菜单，在系统弹出的子菜单中单击"打开"命令，在打开文件路径对话框中选择需要打开文件的储存位置，单击 打开(O) 按钮，系统会自动进入打开文件的操作界面。

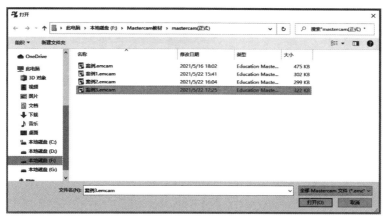

图 1-33　打开文件

1.5.3 保存文件

在 Mastercam 2020 软件操作中，我们要及时保存作图文件，防止软件意外关闭数据丢失，保存文件的命令有"保存""另存为"和"部分保存"。我们可以通过以下三种方式实现文件的保存。

① 单击标题栏的保存图标按钮 ，系统会弹出文件保存的路径选择对话框，在保存文件路径对话框中选择保存文件的储存位置，单击 保存(S) 按钮，系统会保存文件到指定的文件夹。该命令用于保存当前文件，如果用户需要更新文件保存时，直接单击保存图标按钮

即可，无须选择保存路径，系统默认文件原始保存路径。

② 单击标题栏的另存为图标按钮 ，系统会弹出文件另存为的路径选择对话框，在另存为路径对话框中选择保存文件的储存位置，单击 保存(S) 按钮，系统会保存文件到指定的文件夹。该命令用于更换文件名称保存文件。

③ 单击菜单栏的文件菜单，在系统弹出的子菜单中单击"部分保存"命令，系统跳至绘图区，用户在绘图区选择需要保存的图素，系统会弹出部分保存路径对话框，用户选择需要保存文件的储存位置，单击 保存(S) 按钮，系统会保存文件到指定的文件夹。该命令用于绘图文件中部分图素的保存。

1.5.4 文件合并

在 Mastercam 2020 软件中，我们可以利用文件菜单中的"合并"文件命令将两个文件中的全部图素或部分图素合并到一个文件中。选择"合并"命令，系统弹出将要合并的文件选择路径对话框，选择需要合并的文件，单击打开按钮 打开(O)，系统会跳至合并模型界面，根据需要选择合并的方式，最后单击确定按钮 ，如图 1-34 所示。用户需要保存文件或另存为文件时，可以通过文件菜单栏子菜单中的"保存"或"另存为"命令完成文件的保存。

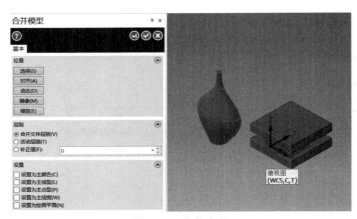

图 1-34　文件合并

1.5.5 文件的转换

Mastercam 2020 软件中的文件转换功能可以将多种类型的图形文件读入 Mastercam 数据库中，并将它们转换为 Mastercam 格式，也可以将 Mastercam 文件写入多种类型的文件中。

如果想用 Mastercam 软件打开其他格式的文件，用鼠标拖动文件至 Mastercam 软件的桌面快捷图标上，就可以以 Mastercam 形式打开此文件。如果想把 Mastercam 文件保存为其他格式的文件，用鼠标点击标题栏的"另存为"按钮，在弹出的对话框里选择要保存的文件格式，并选择文件保存路径，就可以保存为需要格式的文件了。

Mastercam 2020 软件中的文件转换功能分为迁移向导、导入文件夹和导出文件夹三项功能。

① 迁移向导：迁移向导功能可以将 Mastercam 先前版本文件迁移到最近安装的 Mastercam 版本。

② 导入文件夹：使用导入文件夹功能可以将文件从一个文件夹复制到另一个文件夹，并自动将其转换为 Mastercam 零件文件。

③ 导出文件夹：使用导出文件夹将 Mastercam 格式文件转换为支持 CAD 格式的文件。

第**2**章

二维图形的造型设计
与编辑

  Mastercam 2020 软件的主要功能由设计和制造两大模块构成，设计模块有着功能强大的 CAD 绘图系统，三维图形的设计是建立在二维图形设计的基础上的，二维图形的设计也是 Mastercam 加工环节依靠的基础。我们在使用 Mastercam 设计三维线框模型、曲面和实体以及编辑刀具路径时都需要以二维图形为基础，二维图形的造型设计在 Mastercam 软件操作中有很重要的基础作用，熟练掌握二维图形的绘制方法和技巧对我们学习 Mastercam 软件至关重要。本章我们通过系统化理论与典型案例相结合的方式讲解 Mastercam 常用二维图形设计与编辑的方法和技巧。二维图形的绘制是我们今后使用 Mastercam 编程的基础，扎实的绘图基础将是我们从事四轴五轴编程的有力支撑。

  Mastercam 二维图形的设计功能分为绘点、绘线、圆弧、曲线、形状和修剪六大模块，我们使用二维设计命令时，用鼠标单击线框菜单，菜单栏下方的工具栏会以各种不同的按钮显示出全部功能，根据绘图需要直接用鼠标单击相关的按钮就可以使用命令绘制图形了。二维图形功能命令栏，如图 2-1 所示。

图 2-1 二维图形功能命令栏

2.1 二维图形的创建

2.1.1 创建点

  二维图形中"点"是 Mastercam 2020 绘图中的最基本的图素。在绘图和编程过程中，经常要用到"点"，"点"指的是软件的三维绘图空间中的一个位置，也可以指一种几何图素，在本章节的二维图形绘制中"点"指的是一种几何图素。

  "点"在绘制图形和编程时非常常用，绘制二维图形直线时需要指定端点，绘制圆心时需要指定圆心点，绘制三维图形时，我们需要指定图形高度方向的位置点；钻孔编程时需要指定孔的位置点，编制刀具路径选择加工下刀点时需要指定下刀位置点。

"点"功能的开启，在菜单栏单击"线框"，再单击"绘点"，系统就会进入绘点功能界面。绘点功能菜单如图2-2所示，点的捕捉选择方式如图2-3所示。

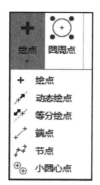

图 2-2　绘点功能菜单　　　　图 2-3　点的捕捉选择方式

（1）在指定位置绘点

指定位置绘点是指用户在指定的位置绘制点。用户指定的位置点可以是已知图素上捕捉的特征点，也可以通过"自动捕捉点"功能，点击鼠标或在坐标文本框输入坐标值来创建指定位置点。

在菜单栏单击"线框"，再单击绘点功能按钮 ➕ 绘点，在绘点功能的子菜单里单击

➕ 绘点 命令，系统会进入指定位置点界面。

我们可以采用坐标输入和光标捕捉两种方式绘制指定位置点。

① 坐标输入。通过输入点的坐标在绘图区生成一个位置点。

若已知该点的坐标，则单击工具栏中的快速绘点图标 ➕ 绘点，按键盘上的空格键，绘图区会出现一个文本框，用键盘在文本框中输入点的坐标，按回车键，系统就会在绘图区自动生成对应的点，完成指定位置创建点任务。

注意：由于 Mastercam 系统的要求，在文本框输入坐标值时，一定要把电脑的输入法切换到英文输入状态，否则输入不成功。

② 光标捕捉。在 Mastercam 系统中，系统可以自动地为用户捕捉光标附近的特征点（如原点、端点、交点、中点、圆心点、四等分点和切点等）。系统捕捉点命令如图2-3所示。

若不知该点的坐标，但已知点的位置，这时就不能使用输入坐标的方法，我们可以通过已知位置来绘点，移动鼠标将光标移至指定位置，然后鼠标左键单击，则在该位置自动生成一个点，完成指定位置创建点任务。

（2）动态绘点

动态绘点命令可以选取绘图窗口中已经存在的图素，如直线、圆弧、曲线、曲面或实体

表面，用鼠标动态捕捉参考点绘制动态点。

动态绘点命令操作步骤如下：

① 在菜单栏依次选择"线框"—"绘点"—"动态绘点"命令，此时在绘图区出现文字提示行"选择直线、圆弧、曲线、曲面或者实体面"；

② 用户根据系统提示，鼠标单击绘图区的直线、圆弧、曲线、曲面或实体面，完成选择，之后在所选对象上出现一个滑动的箭头形光标，箭头的末端代表绘制点的位置；

③ 沿选取对象移动鼠标至需要的位置，鼠标左键点击一下，则在该位置生成一个点，如图 2-4 所示；

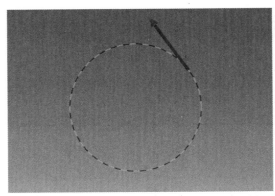

图 2-4　动态绘点

④ 继续移动鼠标可在被选图形上连续生成点，按回车键则结束动态绘点操作。

（3）等分绘点

等分绘点命令可以在指定的几何对象上绘制一系列等距离的点。

操作步骤如下：

① 在菜单栏依次选择"线框"—"绘点"—"等分绘点"命令，此时在绘图区出现文字提示行"输入数量，间距或选择新图素"；

② 在绘图区单击鼠标选取一个几何对象；

③ 在等分绘点管理器中输入要绘制点的距离或点数，然后按回车键确认，如图 2-5 所示；

④ 系统完成等分点，如图 2-6 所示，如果需要继续绘制四等分点，重复步骤②、③可继续进行线段的等分。

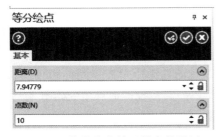

图 2-5　等分绘点管理器参数设置

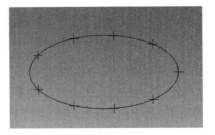

图 2-6　等分绘点

（4）端点

端点命令用来绘制线段、圆弧、样条曲线等图素的端点。

① 在菜单栏依次选择"线框"—"绘点"—"端点"命令；

② 调用该命令后，系统自动在绘图区的图素上生成端点。

注意：圆的端点比较特殊，起点和终点两处端点重合，圆的端点在起点位置处，如图 2-7 所示。

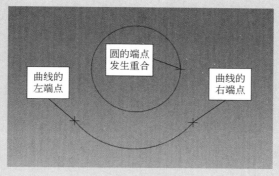

图 2-7　端点绘制

（5）节点

节点命令可以绘制参数型样条曲线上的节点，节点命令用于捕捉样条曲线、椭圆和螺旋线的构成点。

操作步骤：

① 在菜单栏依次选择"线框"—"绘点"—"节点"命令；

② 在绘图区单击鼠标左键选取参数型样条曲线，系统即可绘制出该曲线的节点，如图 2-8 所示。

注意：节点命令不适用于直线和圆弧图素节点的绘制。

（6）小圆心点

小圆心点命令用来绘制圆或圆弧的圆心点。通过小圆心点对话框设置参数，可以选择不同直径的圆弧或圆绘制圆心点，也可以在参数设置里选择"删除圆弧"选项，系统会只保留圆心点，圆弧或圆会自动删除。

操作步骤：

① 在菜单栏依次选择"线框"—"绘点"—"小圆心点"命令；

② 系统弹出小圆心点对话框，按照图 2-9 所示完成参数设置；

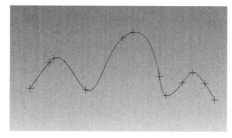

图 2-8　节点绘制

图 2-9　小圆心点参数设置

③ 在绘图区选取圆弧或圆，所选对象改变颜色为黄色，系统会提示"选择弧/圆，按

Enter 键完成"，如图 2-10 所示；

④ 单击 键可以继续选择圆或圆弧绘制圆心点。单击 键，完成并结束绘制圆心点命令，系统即在圆弧或圆的圆心处绘制出圆心点，如图 2-11 所示。

 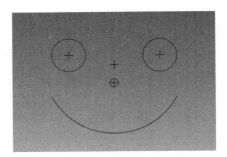

图 2-10　圆弧的选取　　　　　　图 2-11　小圆心点的绘制

（7）圆周点

圆周点命令可以在圆周上绘制一系列的圆周点，在实际编程中主要用于法兰类零件圆周均布钻孔位置的确定。

操作步骤：

① 在菜单栏依次选择"线框"—"圆周点"命令。

② 系统会在绘图区提示"选择基准点"，基准点可以是绘制的单独的点，也可以在图素上捕捉，把鼠标放在圆心位置，捕捉到圆心点后，单击选取圆心点，如图 2-12 所示。

③ 螺栓中心圆对话框参数设置，各参数功能及设置如下：

方式选项：勾选"完整的圆"选项，在编号文本框里输入需要圆周均等分布的圆周点数量为 10，按 Enter 键（回车键）。

直径选项：文本框里输入圆的直径 50，按 Enter 键。

起始角度选项：文本框输入圆的起始角 0，按 Enter 键。

创建图素类型选项：勾选圆弧选项，按 Enter 键。

④ 设置完成后，单击确定按钮 ，系统完成绘制圆周点，如图 2-13 所示。

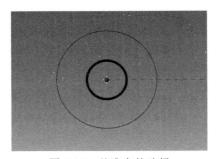 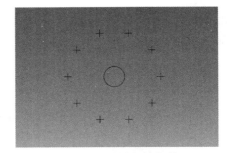

图 2-12　基准点的选择　　　　　　图 2-13　圆周点的绘制

2.1.2　创建直线

直线是绘制二维图形最常见的图素，是构建三维图形的基础图素，同时，直线也是我们编程时必不可少的一种图素，直线是 Mastercam 绘制二维图形最常见的图素之一。直线的种类繁多，功能各有不同，本节我们通过七种方法系统学习 Mastercam 2020 直线的绘制。直线子菜单如图 2-14 所示。

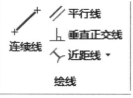

图 2-14　直线子菜单

（1）连续线

连续线命令可以通过选取直线的端点绘制出一系列连续的直线。连续线命令还可以绘制任意线、相切线、水平线、垂直线，我们在连续线管理器里设置相关参数就可以完成需要的直线线段的绘制。连续线命令包括了 Mastercam 直线绘制常用功能，这种画线的方法是 Mastercam 中最常用的一种直线绘制方式。

连续线绘制操作步骤：

① 在菜单栏依次选择"线框"—"连续线"命令；

② 系统会在绘图区提示"指定第一个端点"，用鼠标单击绘制直线的起点（或用键盘输入坐标点），紧跟着系统会提示"指定第二个端点"，选择绘制直线的终点；

③ 系统就会自动连接这两点，在绘图区生成一条任意线段。

注意：根据已知条件的不同，用户可以在绘图区左侧的连续线管理器中通过设置参数，绘制出需要的直线。连续线参数设置如图 2-15 所示。

图 2-15　连续线参数设置

连续线各选项含义如下：

任意线：在绘图时指定直线的起点和终点，系统会自动连接起点和终点形成一条直线。

相切：选择已有的圆弧，可以绘制与圆弧相切的直线。

水平线：绘制与 X 轴平行或重合的直线。

垂直线：绘制与 Y 轴平行或重合的直线。

两端点：通过指定直线的起点和终点绘制直线。

中点：通过指定直线的中点，并设置直线的长度尺寸和角度绘制需要的直线。

连续线：通过指定直线的起点，并依次指定多段连续线的端点绘制连续线，连续线呈现首尾相连的特点。

【案例 2-1】 创建一条与已知圆相切，长度为 39mm，角度为 60°的线段。

步骤：

① 选择连续线命令。从菜单栏选择"线框"—"连续线"调用该命令。

② 在连续线管理器中设置参数，长度文本框中用键盘输入长度 60，角度文本框中输入角度 60，按回车键确认。

③ 系统提示"指定第一个端点"，在绘图区已知圆上左侧单击选择，系统会在绘图区显示一条与已知圆相切的高亮显示的切线，如图 2-16 所示。

④ 系统紧跟着提示"选择直线"，单击圆上切点以上的直线段，系统会自动保存选择的直线，未选择的直线消失。单击确定键 ，相切直线绘制完成，如图 2-17 所示。

图 2-16　切线的预显示

图 2-17　切线保留部分

（2）平行线

平行线命令用于绘制与已知直线平行的线，且长度与已知直线相同。与用偏移命令处理直线的效果相似。平行线命令还可以绘制与已知直线平行并与一个圆弧相切的直线。此命令常用在二维图形绘制中绘制等距平行线。

平行线绘制操作步骤：

① 在菜单栏依次选择"线框"—"平行线"命令，系统弹出"平行线"管理器，如图 2-18 所示。

参数选项解释：

◉点(P)：⊕ 选项：用于绘制以已知点为引导的直线。

图 2-18　"平行线"管理器

○相切(T) 选项：用于创建与已知圆弧相切的直线。

补正距离(D) 文本框：依照参考线设置平行线的平行补正距离。

◉选择侧面(S) 选项：依照法向在新的点或线的一侧绘制一条直线。

○选择反面(O) 选项：依照法向在新的点或线的另一侧绘制一条直线。

○选择双向(B) 选项：依照选择的图形在新的点或线的双向绘制直线。

② 系统会在绘图区提示"选择直线"，用鼠标

单击指定已知直线。紧跟着系统会提示"选择与平行线相切的圆弧"，用鼠标单击选择绘图区的圆。

③ 在平行线管理器中单击确定按钮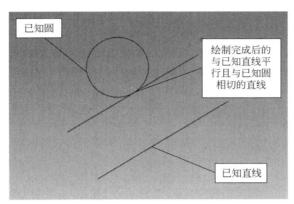，系统会在绘图区生成一条与已知直线平行且与已知圆弧相切的直线，如图 2-19 所示。

已知圆

绘制完成后的与已知直线平行且与已知圆相切的直线

已知直线

图 2-19　平行线的绘制

注意： 根据已知条件的不同，用户可以在绘图区左侧的平行线管理器中设置参数，绘制出需要的平行线。

（3）垂直正交线

垂直正交线命令用于绘制与已知直线、圆弧或曲线相互垂直的直线。

垂直正交线绘制操作步骤：

① 在菜单栏依次选择"线框"—"垂直正交线"命令，系统弹出垂直正交线管理器界面。

② 系统会在绘图区提示"选择线、圆弧、曲线或边缘"，用鼠标单击指定已知直线。紧跟着系统会提示"选择圆弧"，用鼠标单击选择绘图区的已知圆。

③ 在垂直正交线管理器中单击确定按钮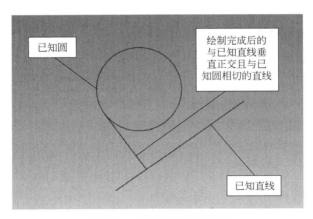，系统会在绘图区生成一条与已知直线平行且与已知圆弧相切的直线，如图 2-20 所示。

已知圆

绘制完成后的与已知直线垂直正交且与已知圆相切的直线

已知直线

图 2-20　垂直正交线的绘制

（4）近距线

近距线命令用于绘制两几何图素（直线、圆弧和样条曲线）间距离最近的连线。

近距线绘制操作步骤：

① 在菜单栏依次选择"线框"—"近距线"命令。

② 系统会在绘图区提示"选择线、圆弧、样条曲线"，用鼠标单击指定已知线段 1。系统会继续在绘图区提示"选择线、圆弧、样条曲线"，用鼠标单击指定已知线段 2。

③ 选择完线段后，系统会在绘图区生成一条连接已知线段且距离最近的一条直线（近距线），如图 2-21 所示。

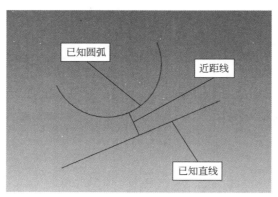

图 2-21　近距线的绘制

（5）平分线

平分线命令用于绘制两条交线的角平分线。

平分线绘制操作步骤：

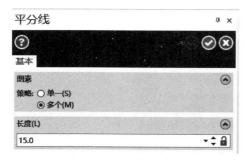

图 2-22　平分线管理器

① 在菜单栏依次选择"线框"—"平分线"命令，系统弹出平分线管理器界面，如图 2-22 所示。

参数含义：

○ **单一(S)** 选项：单一创建一条平分线。

◉ **多个(M)** 选项：系统显示四条平分线，选择需要保留的线。

15.0 文本框：设置平分线的长度。

② 系统会在绘图区提示"选择二条相切的线"，用鼠标依次单击选择已知直线 1 和直线 2。

③ 在平分线管理器中单击确定按钮，系统会在绘图区的已知直线之间生成一条平分

线，如图 2-23 所示。

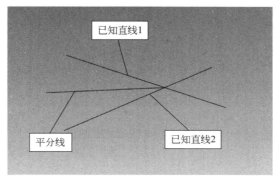

图 2-23　平分线的绘制

注意：

① 使用平分线命令选择已知线段时只能选择两条直线。如果选择两条以上的线段，系统默认按最先选择的两条线段生成平分线。

② 平分线命令也可适用于两条不相交的直线，如图 2-24 所示。

③ 平分线命令不能用于选择样条曲线和圆弧，只能选择直线作为平分线的目标图素。

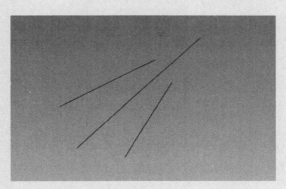

图 2-24　绘制两条不相交直线的平分线

（6）通过点相切线

通过点相切线命令用于通过指定圆弧或曲线的上一点，绘制一条与该圆弧或曲线相切的直线。

通过点相切线绘制操作步骤：

① 在菜单栏依次选择"线框"—"通过点相切线"命令，系统弹出通过点相切线管理器界面，如图 2-25 所示。

参数含义：

重新选择(R) 按钮：点击此按钮返回到屏幕窗口重新选择参考图形。

1 2 按钮：用户指定相切线的起点和终点的

图 2-25　通过点相切线管理器

指示图标，若用户已指定相切线的起点和终点则此图标为深灰色显示，未指定为浅灰色显示。用户还可以通过单击端点按钮重新选择相切线的起点和终点。

0.1 文本框：设置相切线的长度。

② 系统会在绘图区提示“选择圆弧或样条曲线”，用鼠标单击选择已知圆弧或样条曲线。

③ 系统会继续在绘图区提示“选择圆弧或样条曲线上的相切点（第一个端点）”，用鼠标捕捉单击选择相切点的第一个端点。

④ 系统会继续在绘图区提示“选择切线的第二个端点或输入长度”，用鼠标在圆弧上捕捉单击选择相切点的第二个端点，或者在通过点相切线管理器里的长度文本框输入相切线的长度。

⑤ 系统会在绘图区生成一条与已知圆弧相切的相切线，如图 2-26 所示。

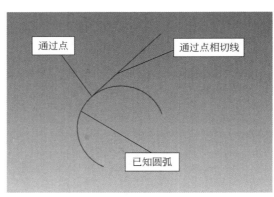

图 2-26　通过点相切线的绘制

注意：

① 使用通过点相切线命令选择的已知线段可以为圆弧、椭圆和样条曲线。

② 通过点相切线命令选择的已知图素不能为直线。

（7）法线

法线命令用于创建垂直于任何现有曲面或面的直线。

法线绘制操作步骤：

① 在菜单栏依次选择“线框”—“法线”命令，系统弹出法线管理器界面，如图 2-27 所示。

图 2-27　法线管理器

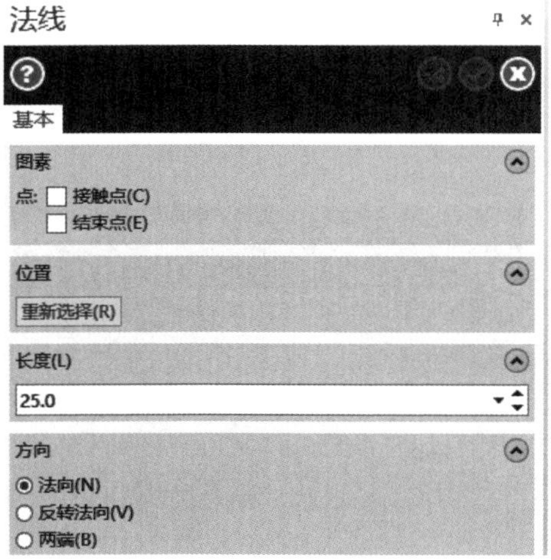

参数含义：

接触点(C) 选项：创建线与曲面、实体或圆弧接触的点，勾选此项，系统会在法线的起始位置自动创建起点。

结束点(E) 选项：在线的结束处创建一个点。勾选此项，系统会在法线结束位置自动创建终点。

重新选择(R) 按钮：如果用户指定已知图素错

误，需要重新选择图素，点击 重新选择(R) 按钮，就可以重新指定绘制法线的已知图素。

25.0 文本框：设置相切线的长度。

⊙ 法向(N) 选项：按法向指示的方向在曲面、实体或圆弧上创建一条直线。

○ 反转法向(V) 选项：在法向的相反方向，在曲面、实体或圆弧上创建一条直线。

○ 两端(B) 选项：在法向的两端方向创建直线。

② 系统会在绘图区提示"选择曲面、面、圆弧或边缘"，用鼠标单击选择已知图素。

③ 在法线管理器里的长度文本框 25.0 输入法线长度。

④ 系统会在绘图区预显出一条淡蓝色的法线。

⑤ 单击法线管理器中的确定按钮 ⊘，法线绘制完成，如图 2-28 所示。

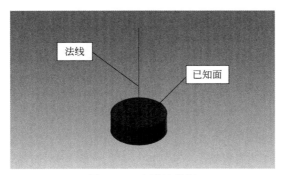

图 2-28　法线的绘制

注意：
　　① 法线命令适用于曲面、面、圆弧或边缘等图素。
　　② 创建法线需要将实体和曲面中的面、圆弧或边缘等已知图素作为绘制法线的基础，我们在后续章节对实体和曲面的构建进行学习后方可使用法线功能，本节只对法线绘制的方法加以讲解。

2.1.3　创建圆弧和圆

（1）已知点画圆

通过指定已知圆心点、圆半径或直径绘制圆。此方法是绘制圆弧最常见的方法。

通过已知点画圆命令绘制圆的操作步骤：

① 在菜单栏依次选择"线框"—"已知点画圆"命令，系统弹出已知点画圆管理器界面，如图 2-29 所示。

参数含义：

⊙ 手动(M) 按钮：选择此模式可以在屏幕窗口选择圆心点。

⊙ 相切(T) 按钮：使用相切模式可以绘制与现有指定图素相切的圆。

重新选择(R) 按钮：重新选择圆心点。

半径(U): 10.0 文本框：设置圆的半径值。

直径(D): 20.0 文本框：设置圆的直径值。

② 系统会在绘图区提示"请输入圆心点"，用鼠标单击选择圆心点，或者用键盘输入圆心点的坐标，按键盘上的空格键，系统会弹出 20.0,30.0 坐标点输入文本框，输入坐标时一定需要注意在英文输入法模式下输入，否则，坐标会输入不成功。

③ 在已知点画圆管理器设置圆的半径。

④ 单击已知点画圆管理器确定按钮 ，已知点画圆的绘制完成，如图 2-30 所示。

图 2-29　已知点画圆管理器

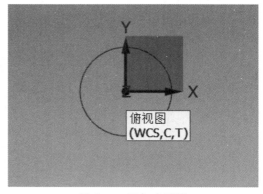

图 2-30　已知点画圆

（2）三点画弧

使用三个点创建圆弧，在已知圆弧边界上的三个点或三个相切图素时使用。

通过三点画弧命令绘制圆弧的操作步骤：

① 在菜单栏依次选择"线框"—"三点画弧"命令，系统弹出三点画弧管理器界面，如图 2-31 所示。

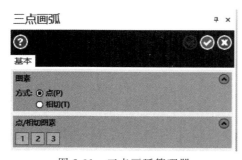

图 2-31　三点画弧管理器

参数含义：

⊙ 点(P) 按钮：选择此模式可以在屏幕窗口选择点。

⊙ 相切(T) 按钮：使用相切模式使现有的图素与圆弧相切。

1 按钮：在绘图窗口单击此按钮，选择第一个边缘点的圆弧或圆的新位置。

2 按钮：在图形窗口中单击此按钮，选择圆弧或圆第二边缘点的新位置。

3 按钮：在图形窗口中单击此按钮，选择圆弧或圆第三边缘点的新位置。

② 系统会在绘图区提示"选择线、圆弧、曲线或边缘"，用鼠标依次单击选择第 1、2、3 边缘点的图素，绘图区会出现淡蓝色高亮显示的圆弧。

③ 单击三点画弧管理器确定按钮 ，完成圆弧的绘制，如图 2-32 所示。

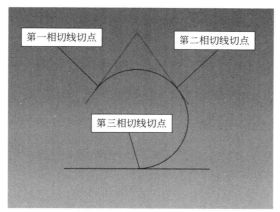

图 2-32 三点画弧的绘制

> **注意：**
> ① 使用三点画弧命令在绘制圆弧选择图素时一定要按顺序选择，选择图素的顺序不同，生成的圆弧也不同。
> ② 使用三点画弧命令画圆弧时，根据用户不同需求，可以选择以点或相切模式选取图素，图 2-32 使用的是相切模式选取图素。

（3）切弧

选择与弧相切的图形，切弧命令用于绘制与直线、圆弧和圆等几何图素（不包括样条曲线）相切的圆弧。绘制切弧有七种方法。

通过切弧命令绘制圆弧的操作步骤：

① 在菜单栏依次选择"线框"—"切弧"命令，系统弹出切弧管理器界面，如图 2-33所示。

参数含义：

| 单一物体切弧 | 按 钮：
创建与单个现有图素相切的圆弧。

| 通过点切弧 | 按钮：创建与现有图素相切的圆弧并相切于一点。

| 中心线 | 按 钮：使用定义的中心线创建与直线相切的圆弧。

| 动态切弧 | 按钮：动态创建与现有图素相切的圆弧。

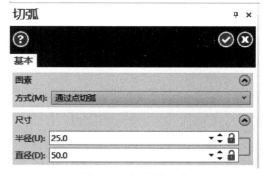

图 2-33 切弧管理器

| 三物体切弧 | 按钮：创建与三个图素相切的圆弧。

| 三物体切圆 | 按钮：创建与三个图素相切的圆。

| 两物体切弧 | 按钮：创建与两个图素相切的圆弧。

半径(U): 25.0 文本框：设置圆的半径值。

直径(D): 50.0 文本框：设置圆的直径值。

② 系统会在绘图区提示"选择一个圆弧将要与其相切的图素"，用鼠标单击选择圆弧图素，圆弧图素高亮显示被选中；系统提示"指定相切点位置"，绘图区生成两个高亮显示的相切圆；系统提示"选择圆弧"，用鼠标单击保留的圆弧，其余的圆弧将自动消失。

③ 单击切弧管理器确定按钮，完成圆弧的绘制，如图 2-34 所示。

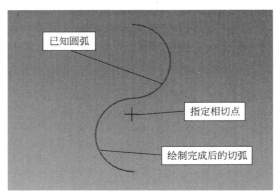

图 2-34　切弧的绘制

（4）已知边界点画圆

创建已知边界点画圆，需指定两个点或三个边界点作为已知点。

通过已知边界点画圆命令绘制圆的操作步骤：

① 在菜单栏依次选择"线框"—"已知边界点画圆"命令，系统弹出已知边界点画圆管理器界面，如图 2-35 所示。

图 2-35　已知边界点画圆管理器

参数含义：

◉ 两点(P) 按钮：通过两边缘点创建圆。

◉ 两点相切(T) 按钮：通过两边缘点相切到现有图形创建圆。

◉ 三点(O) 按钮：通过三个边缘点创建圆。

◉ 三点相切(A) 按钮：通过三个边缘点相切到现有图形创建圆。

1 按钮：单击此按钮以在图形窗口选择活动圆弧或圆的第一个边缘点的新位置。

2 按钮：单击此按钮以在图形窗口选择活动圆弧或圆的第二个边缘点的新位置。

3 按钮：单击此按钮以在图形窗口选择活动圆弧或圆的第三个边缘点的新位置。

半径(U): 10.0 文本框：设置圆的半径值。

直径(D): 0.0 文本框：设置圆的直径值。

☑ 创建曲面(S) 选项：在圆内创建一个曲面，同时保留圆和曲面。

② 系统会在绘图区提示"选择线、圆弧、曲线或边缘"，用鼠标按顺序依次单击选择已知图素，被选中的图素呈高亮显示，绘图区自动生成一个高亮显示的相切圆。

③ 单击已知边界点画圆管理器确定按钮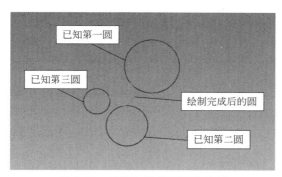，完成圆的绘制，如图 2-36 所示。

图 2-36　已知边界点画圆的绘制

（5）两点画弧

创建两点画弧，定义端点和边界点。用于通过圆弧的两个端点绘制圆弧。

通过两点画弧命令绘制圆的操作步骤：

① 在菜单栏依次选择"线框"—"两点画弧"命令，系统弹出两点画弧管理器界面，如图 2-37 所示。

② 系统会在绘图区提示"请输入第一点"，用鼠标单击选择指定第一点，系统接着提示"请输入第二点"，用鼠标单击选择指定第二点，系统继续提示"请输入第三点"，用鼠标单击选择指定第三点，或在两点画弧管理器里的半径文本框输入半径值，绘图区自动生成一个高亮显示的圆弧。

③ 单击两点画弧管理器确定按钮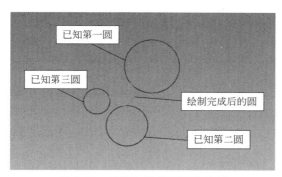，完成圆弧的绘制，如图 2-38 所示。

图 2-37　两点画弧管理器

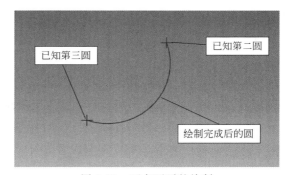

图 2-38　两点画弧的绘制

注意：圆弧的半径必须大于两个端点的距离。

（6）极坐标画弧

通过选择一个中心点和两个结束点来创建一个极坐标圆。通过指定圆心位置、半径或直径、起始角和终止角绘制圆弧。

通过极坐标画弧命令绘制圆弧的操作步骤：

图 2-39 极坐标画弧管理器

① 在菜单栏依次选择"线框"—"极坐标画弧"命令，系统弹出极坐标画弧管理器界面，如图 2-39 所示。

参数含义：

起始(S): 0.0 文本框：输入创建圆弧的起始角度。

结束(E): 0.0 文本框：输入创建圆弧的结束角度。

> **注意**：可以通过输入相同的起始和结束角度来创建一个完整的圆。

◉ **定义圆弧(F)** 选项：定义创建的圆弧半径及起始和结束角度。

◉ **反转圆弧(V)** 选项：反转创建圆弧的起始和结束角度。

图素方式和尺寸参数的含义与前面章节相同，已在前面章节讲述过，这里不再讲述。

② 系统会在绘图区提示"请输入圆心点"，用鼠标单击选择圆心点。系统接着提示"输入起始角度"，在极坐标画弧管理器里的"起始"文本框输入起始角度，系统继续提示"请输入结束角度"，在"结束"文本框输入结束角度。在极坐标画弧管理器里的半径文本框输入圆弧半径值，绘图区自动生成一个高亮显示的圆弧。

③ 单击极坐标画弧管理器确定按钮 ，完成圆的绘制，如图 2-40 所示。

（7）极坐标点画弧

自定义起始点或结束点来创建极坐标点画弧。

通过极坐标点画弧命令绘制圆弧的操作步骤：

① 在菜单栏依次选择"线框"—"极坐标点画弧"命令，系统弹出极坐标点画弧管理器界面，如图 2-41 所示。

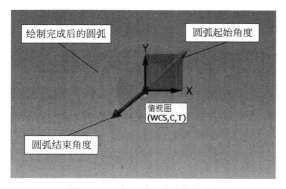

图 2-40 极坐标画弧的绘制

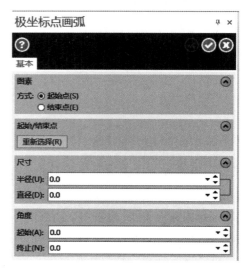

图 2-41 极坐标点画弧管理器

参数含义：

◉ **起始点(S)** 选项：设置圆弧的起始点。

◉ **结束点(E)** 选项：设置圆弧的结束点。

尺寸和角度参数的含义与极坐标画弧小节相同，这里不再讲述。

② 系统会在绘图区提示"输入端点"，用鼠标单击选择端点。系统接着提示"输入半径，起始点和终止角度"，在极坐标点画弧管理器里的"半径"和"终止"文本框中设置数值即可，绘图区自动生成一个高亮显示的圆弧。

③ 单击极坐标点画弧管理器确定按钮 ，完成圆弧的绘制，如图 2-42 所示。

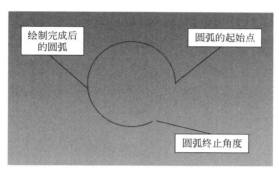

绘制完成后的圆弧　　圆弧的起始点

圆弧终止角度

图 2-42　极坐标点画弧的绘制

> **注意**：极坐标画弧命令与极坐标点画弧命令是非常相似的两个功能，极坐标点画弧命令比极坐标画弧命令多了起始点和终止点控制参数，相对来讲，画弧更方便。

【**案例 2-2**】　绘制如图 2-43 所示的五星圆弧图形。

（1）设置绘图工作环境

打开 Mastercam 2020 软件，采用默认设置，即构图平面设置为俯视图，视角也设置为俯视图，工作深度 Z 设置为 0。

（2）调用命令

选用"线框"菜单中的"连续线"命令。

（3）绘制五边形

由于当前没有学习五边形命令，所以这里用直线命令。本例利用直线命令从五边形的右下角顶点开始绘制。

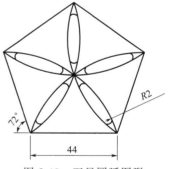

图 2-43　五星圆弧图形

① 绘制长度为 44mm，角度为 72°的斜线。在绘图区单击一下作为直线的起点，再单击一下作为终点。然后在连续线管理器中修改直线的长度为 44，角度 72°，单击确定并创建新操作图标 。

② 绘制长度为 44mm，角度为 144°（72°+72°）的斜线。继续执行直线命令。单击上一条直线的终点作为该条直线的起点，然后在任意位置单击作为终点。然后在连续线管理器中修改直线的长度为 44，角度为 144°之后，单击确定并创建新操作图标 。

③ 绘制长度为 44mm，角度为 216°（144°+72°）的斜线。继续执行直线命令。单击上一条直线的终点作为该条直线的起点，然后在任意位置单击作为终点。然后在连续线管理器

中修改直线的长度为 44，角度为 216°之后，单击确定并创建新操作图标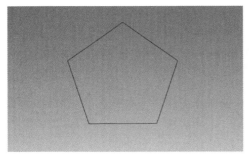。

④ 绘制长度为 44mm，角度为 288°（216°＋72°）的斜线。继续执行直线命令。单击上一条直线的终点作为该条直线的起点，然后在任意位置单击作为终点。然后在连续线管理器中修改直线的长度为 44，角度为 288°之后，单击确定并创建新操作图标。

⑤ 连接两个端点，完成五边形的创建。单击选择连续线管理器的，退出连续线命令，如图 2-44 所示。

（4）绘制辅助线

绘制辅助线，获取五边形的中心。选用"连续线"命令，从五边形的左下角顶点开始绘制。

① 单击五边形左下角顶点，用鼠标移动至此顶点对应的边中间位置捕捉中点，当五边形的边出现图标时，单击鼠标左键，按回车键确认。

② 选用"连续线"命令，用鼠标单击五边形的右下角顶点，鼠标移动至此顶点对应的边中间位置捕捉中点，当五边形的边出现图标时，单击鼠标左键，按回车键确认，如图 2-45 所示。

图 2-44 五边形的创建

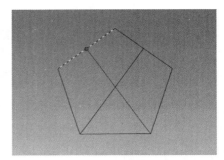
图 2-45 辅助线的绘制

（5）调用命令

选用"线框"菜单栏中"三点画弧"命令。

（6）绘制大圆弧

在五边形的左下角顶点单击一下作为圆弧的第一个点，单击五边形的中心点作为圆弧的第二个点，再单击五边形的正上方顶点作为圆弧的第三个点。然后在连续线管理器中单击确定并创建新操作图标，如图 2-46 所示。然后依次单击五边形其余顶点和中心点，最后单击连续线管理器的确定按钮，如图 2-47 所示。

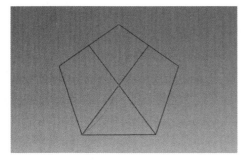
图 2-46 绘制大圆弧

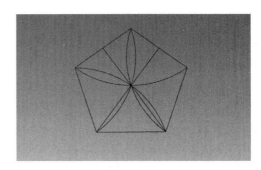
图 2-47 绘制其余大圆弧

（7）调用命令

选用"线框"菜单栏中的"切弧"命令，在绘图区左方出现的切弧管理器中进行参数设置，如图 2-48 所示。

（8）绘制 $R2$ 小圆弧

从五边形的左下角开始，依次单击五边形左下角顶点两侧的两个大圆弧，完成第一个 $R2$ 相切小圆弧的绘制，在切弧管理器中单击 确定并创建新操作图标，然后依次单击五边形其余顶点两侧的圆弧，分别完成剩余 $R2$ 相切圆弧的绘制，最后单击切弧管理器中的确定按钮 ，如图 2-49 所示。

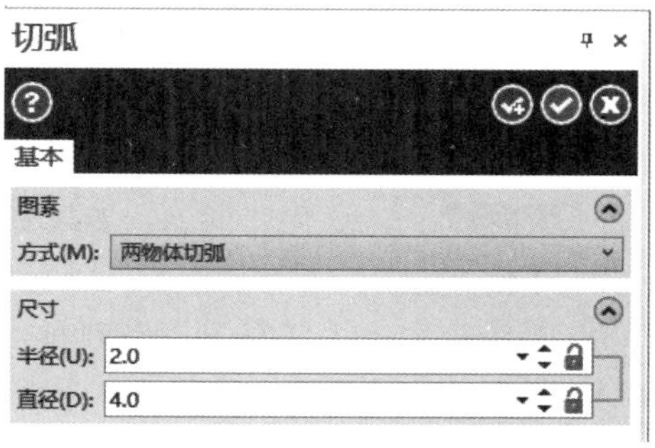

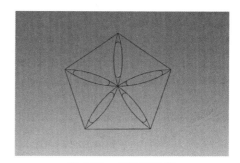

图 2-48　切弧管理器参数设置

（9）删除辅助线

用鼠标单击选择过五边形中心的两条直线，按键盘上的删除键。图形绘制完成，如图 2-50 所示。

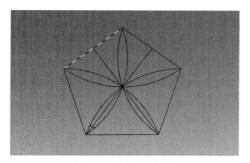

图 2-49　切弧绘制

图 2-50　删除辅助线

2.1.4　创建圆角及斜角

为了去除零件上因机加工产生的毛刺，便于零件装配，让零件更加美观，通常在零件端部倒圆角或倒角。

（1）倒圆角

倒圆角是指利用一个指定的圆弧光滑地连接二条线段。创建两点画弧、定义端点和边界点，用于通过圆弧的两个端点绘制圆弧。

倒圆角的操作对象包括直线、多段线、样条曲线、圆、圆弧等。

倒圆角命令绘制圆角的操作步骤：

① 在菜单栏依次选择"线框"—"图素倒圆角"命令，系统弹出图素倒圆角管理器界面，如图 2-51 所示。

参数含义：

圆角：在外形相交角落倒圆角，在角落生成

图 2-51　图素倒圆角管理器

圆角。

内切：在外形的外侧角向内切圆角。

全圆：在外形的转角处创建完整的圆。

间隙：在外形的内侧角落向外切圆角，通常用于刀具在加工中避让该角落已切削的材料。

单切：此圆角类型，仅在选择的线上在单一图形单切创建圆角。

5.0 半径文本框：设置圆的直径值。

☑ 修剪图素(T)：选择此选项，系统会自动修剪圆角的图素。取消选择此选项，则不修剪圆角的图素。

② 系统会在绘图区提示"倒圆角：选择图素"，用鼠标单击选择倒圆角的第一个图素，系统接着提示"倒圆角：选择另一图素"，用鼠标单击选择倒圆角的第二个图素。在图素倒圆角管理器里的半径文本框输入半径值，绘图区自动生成一个高亮显示的圆角。

③ 单击图素倒圆角管理器确定按钮 ⊘，圆角绘制完成，如图 2-52 所示。

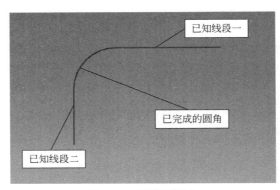

图 2-52　图素倒圆角

注意：圆弧的半径必须大于两个端点的距离。

（2）串连倒圆角

串连倒圆角是应用圆角到现有的图素。就是对串连起来的所有图素进行倒圆角，且每个圆角的形状及大小均相同。

串连倒圆角命令绘制圆角的操作步骤：

① 在菜单栏依次选择"线框"—图素倒圆角中的"串连倒圆角"命令，系统弹出串连倒圆角管理器界面，如图 2-53 所示。

② 系统会在绘图区提示"选择串连 1"，用鼠标单击选择串连倒圆角的任意一个图素。绘图区的图素自动形成一个高亮显示串连带箭头的状态。在串连倒圆角管理器中，单击确定按钮 ⊘ ，如图 2-54 所示。

③ 在串连倒圆角管理器里的半径文本框输入半径值，按 Enter 键确认，系统会自动生成高亮显示的圆角，如图 2-55 所示。单击确定按钮 ⊘，圆角绘制完成，如图 2-56 所示。

（3）创建倒角

倒角指的是把工件的棱角切削成一定斜面的加工。该命令可对相交的两直线或者圆弧进行倒角，一般两相交直线在图形中是垂直相交的。

图 2-53　串连倒圆角管理器

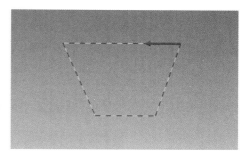

图 2-54　串连选择倒圆角图素

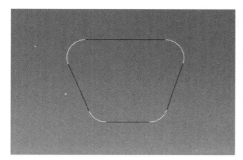

图 2-55　串连倒圆角预显示

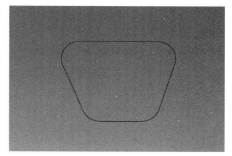

图 2-56　串连倒圆角绘制完成

倒角命令绘制倒角的操作步骤：

① 在菜单栏依次选择"线框"—"倒角"下拉菜单—"倒角"命令，系统弹出倒角管理器界面，如图 2-57 所示。

参数含义：

距离 1（D）：在相交点创建端点位置相等距离倒角。

距离 2（S）：在相交点指定距离创建端点位置不同距离倒角。

距离和角度（G）：在相交位置指定角度与端点的相等距离创建倒角。

宽度（W）：基于指定的宽度和端点位置沿选择的两条线对应创建倒角。

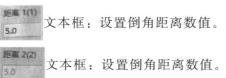 文本框：设置倒角距离数值。

文本框：设置倒角距离数值。

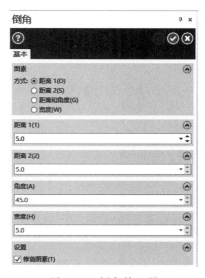

图 2-57　倒角管理器

角度(A) 文本框：设置倒角的角度值。
45.0

宽度(H) 文本框：设置倒角的宽度值。
5.0

☑ 修剪图素(T)：选择此选项，系统会自动修剪倒角的图素。取消选择此选项，则不修剪倒角的图素。

② 系统会在绘图区提示"选择直线或圆弧"，用鼠标单击选择倒角的第一个图素，系统接着提示"选择直线或圆弧"，用鼠标单击选择倒角的第二个图素。在图素倒角管理器里的半径文本框输入半径值，绘图区自动生成一个高亮显示的倒角。

③ 单击图素倒角管理器确定按钮 ，完成倒角的绘制，如图 2-58 所示。

图 2-58　图素倒角

注意：倒角命令使用的对象只能是直线和圆弧，曲线图素不能用于倒角。

2.1.5　创建曲线

（1）手动绘制曲线
在图形窗口中定义每个节点来创建曲线。
手动画曲线命令绘制曲线的操作步骤：
① 在菜单栏依次选择"线框"—"手动画曲线"命令，系统弹出手动画曲线管理器界面。
② 系统会在绘图区提示"选择一点。按〈Enter〉或〈应用〉键完成。"，用鼠标依次单击选择绘图区的节点，随着节点的不断选择，绘图区会生成一条呈虚线状的曲线。
③ 按 Enter 键，完成曲线的绘制。

注意：使用手动画曲线命令，必须提前利用绘点命令绘制节点。

（2）自动生成曲线
依照一点在定义的模板字符中创建参数式曲线。
自动生成曲线命令绘制曲线的操作步骤：
① 在菜单栏依次选择"线框"—"手动画曲线"—"自动生成曲线"命令，系统弹出自动生成曲线管理器界面。
② 系统会在绘图区提示"选择第一点"，用鼠标单击选择绘图区的第一个节点，系统接

着提示"选择第二点",用鼠标单击选择绘图区的第二个节点,系统继续提示"选择最后一点",用鼠标单击选择最后一点,绘图区会生成一条曲线。

③ 按 Enter 键,完成曲线的绘制,如图 2-59 所示。

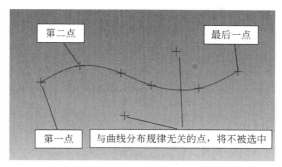

图 2-59　绘制自动生成曲线图形

注意:自动生成曲线命令,会自动捕捉到距离样条曲线分布规律最近的点,偏离曲线分布规律的点将不被选上。

(3) 转换成单一曲线

基于现有图形曲线创建参数式曲线。

转换成单一曲线命令绘制曲线的操作步骤:

① 在菜单栏依次选择"线框"—手动画曲线下拉菜单中的"转成单一曲线"命令,系统弹出转成单一曲线管理器界面。

② 系统会在绘图区提示"选择串连 1",用鼠标单击选择串连倒圆角的第一个图素。绘图区的图素自动形成高亮显示串连带箭头的状态。在线框串连对话框里,单击"确定"按钮。

③ 按 Enter 键,完成曲线的绘制,如图 2-60 所示。

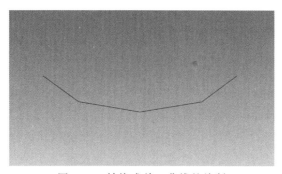

图 2-60　转换成单一曲线的绘制

说明:转换成单一曲线命令可以把图 2-60 中的四条独立的线段转换成一条整体的曲线。

注意:如果用转成单一曲线命令转换一个圆,转换完成之后,圆将没有圆心。

(4) 曲线熔接

曲线熔接是指在两个图素(直线、圆弧、曲线)上给定的切点处绘制一条样条曲线。

曲线熔接命令绘制曲线的操作步骤:

① 在菜单栏依次选择"线框"—手动画曲线下拉菜单中的"曲线熔接"命令，系统弹出曲线熔接管理器界面。

② 系统会在绘图区提示"选择曲线 1"，用鼠标单击选择绘图区的第一个图素，系统提示"滑动箭头并在曲线上按相切位置"，用鼠标单击第一个图素熔接的相切端点。

系统继续提示"选择曲线 2"，用鼠标单击选择绘图区的第二个图素，系统提示"滑动箭头并在曲线上按相切位置"，滑动鼠标，用鼠标单击第二个图素与第一个图素熔接的相切端点。

③ 按 Enter 键，完成曲线的绘制，如图 2-61 所示。

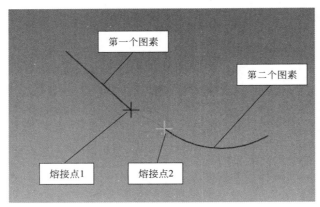

图 2-61　熔接曲线的绘制

注意：使用曲线熔接命令，选择熔接点时，一定要选择两个接近的点，否则就会生成不理想的曲线熔接效果。

2.1.6　创建矩形

矩形是数控加工中最常见的二维图形，Mastercam 2020 软件矩形命令分为矩形和圆角矩形两种。

（1）矩形

使用两点来创建一个矩形。

矩形命令绘制矩形的操作步骤：

① 在菜单栏依次选择"线框"—"矩形"命令，系统弹出矩形命令管理器界面。

② 系统会在绘图区提示"为第一个角选择一个新位置"，用鼠标在绘图区单击选择第一个角的位置，绘图区会自动形成一个灰色虚线状的动态矩形。系统继续在绘图区提示"为第二个角选择一个新位置"，用鼠标在绘图区单击选择第二个角的位置。绘图区会形成一个淡蓝色高亮显示的矩形，如图 2-62 所示。

③ 在矩形命令管理器中，在宽度（W）： 60.0　文本框设置矩形的长度值，高度（H）： 30.0　文本框设置矩形的宽度值，单击确定按钮 ⊘，完成矩形的绘制，如图 2-63 所示。

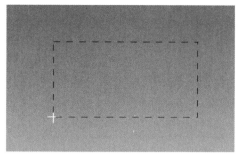

图 2-62　矩形预显示

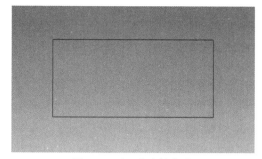

图 2-63　矩形绘制完成

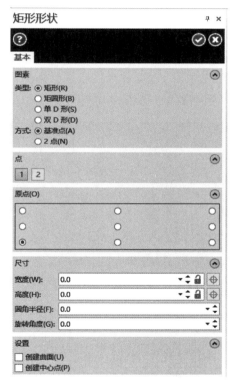

图 2-64　圆角矩形管理器

注意： 两点画矩形时，指定的第二个位置点对矩形的位置起重要的决定作用，矩形第二个点在坐标系的哪个象限，决定矩形的长度和宽度的正负值。

（2）圆角矩形

从基准点和角落的位置创建圆角矩形，或通过选择两点创建圆角矩形。

用圆角矩形命令绘制圆角矩形的操作步骤：

① 在菜单栏依次选择"线框"—矩形下拉菜单中的"圆角矩形"命令，系统弹出圆角矩形管理器界面，如图 2-64 所示。

参数含义：

⊙ **矩形(R)** 选项：创建标准矩形形状。

⊙ **矩圆形(B)** 选项：创建包含通过相切于其端点的平行线连接的两个半圆的形状。通常用于绘制键槽类形状。

⊙ **单 D 形(S)** 选项：创建包含直线连接半圆两个末端的形状。

⊙ **双 D 形(D)** 选项：创建包含通过未相切于其端点的平行线连接的两个半圆的形状。

⊙ **基准点(A)** 选项：通过选择基本位置并输入高度和宽度定义矩形形状。

⊙ **2 点(N)** 选项：通过选择两个角位置定义矩形形状。

▢1 选项：在形状处于活动状态时，更改矩形的第一个角位置。

▢2 选项：在形状处于活动状态时，更改矩形的第二个角位置。

原点（O）：在该选项组中设定矩形基准点的定位方式，即设置给定的基准点在矩形中的具体方位。

宽度（W）：[5.0] 文本框：用于设置矩形的长度值。

高度（H）：[5.0] 文本框：用于设置矩形的宽度值。

圆角半径（F）：[1.0] 文本框：输入半径创建带圆角的矩形。

旋转角度（G）：[5.0] 文本框：为矩形设置旋转角度，范围为（−360°～360°），设置是否旋转矩形，若旋转则输入旋转角度，如图 2-65 所示。

☑ 创建曲面(U)：选择此选项，在创建矩形时产生矩形曲面，如图 2-66 所示。

☑ 创建中心点(P)：在矩形的中心点创建点图素。

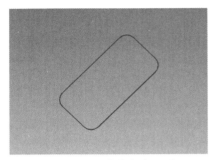

图 2-65　创建带角度矩形

图 2-66　创建矩形曲面

② 系统会在绘图区提示"选择基准点"，用鼠标在绘图区单击坐标系原点。系统在绘图区提示"输入宽度和高度或选择角的位置"，在圆角矩形管理器的宽度、高度和圆角半径文本框输入数值，绘图区自动生成一个淡蓝色高亮显示的圆角矩形。

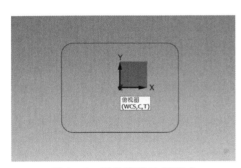

图 2-67　圆角矩形绘制完成

③ 单击确定按钮 ◉，完成圆角矩形的绘制，如图 2-67 所示。

2.1.7　创建多边形

创建指定边数和半径或直径的形状。

多边形命令绘制多边形的操作步骤：

① 在菜单栏依次选择"线框"—矩形下拉菜单中的"多边形"命令，系统弹出多边形管理器界面，如图 2-68 所示。

参数含义：

边数（S）：[6] 文本框：用于设置多边形的边数。

半径（U）：[50.0] 文本框：用于设置从基准点到角或平边的尺寸。绘制外切圆多边形时此值为基准点到边的尺寸，绘制内接圆多边形时此值为基准点到角的尺寸。

[重新选择(R)] 选项：返回图形窗口，重新定位多边形的基准点。

◉ 外圆(F) 选项：限制多边形以外圆为基准。

◉ 内圆(C) 选项：限制多边形以内圆为基准（限制外切）。

图 2-68　多边形管理器

角落圆角(N) 0.0 文本框：输入半径以在多边形的所有角处创建圆角。Mastercam 会将多边形的所有角修剪成圆角。

旋转角度(G) 0.0 文本框：为多边形设置一个旋转角度（−360°～360°）。

☑ 创建曲面(E)：选择此选项，在创建多边形时还会产生多边形曲面。

☑ 创建中心点(P)：在多边形的中心点创建点图素。

② 系统会在绘图区提示"选择基准点"，用鼠标在绘图区单击坐标系原点。系统在绘图区提示"输入半径或选择一点"，在多边形管理器的边数和半径文本框输入数值，绘图区自动生成一个淡蓝色高亮显示的多边形，如图 2-69 所示。

③ 单击确定按钮 ⊘，完成圆角矩形的绘制，如图 2-70 所示。

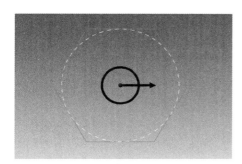

图 2-69　多边形预显示

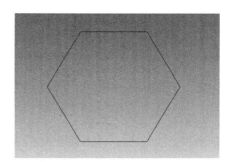

图 2-70　多边形绘制完成

2.1.8　创建椭圆

图 2-71　椭圆管理器

指定一个基点，输入 X 和 Y 值，设置其他可用选项，创建完整椭圆或椭圆弧。

用椭圆命令绘制椭圆的操作步骤：

① 在菜单栏依次选择"线框"—矩形下拉菜单中的"椭圆"命令，系统弹出椭圆管理器界面，如图 2-71 所示。

参数含义：

◉ NURBS(_N) 选项：将椭圆创建为单一 NURBS 曲线。

◉ 圆弧段(C) 选项：将椭圆创建为多个圆弧段。

◉ 区段直线(L) 选项：将椭圆创建为区段直线。

重新选择(R) 选项：返回图形窗口，重新定位椭圆的基准点。

A：30.0 文本框：设置椭圆的水平轴半径。

B：15.0 文本框：设置椭圆的垂直轴半径。

旋转角度（G）$\boxed{0.0}$ 文本框：为椭圆设置一个旋转角度（-360°～360°）。

公差（T）：$\boxed{0.01}$ 输入数值以确定椭圆弧中的线段构成数量。输入紧密公差（0.0001）将创建包含更多线段的椭圆，输入宽松公差（0.01）将创建包含较少线段的椭圆。

☑ 创建曲面(U)：选择此选项，在创建椭圆时还会产生椭圆曲面。

☑ 创建中心点(P)：在椭圆的中心点创建点图素。

② 系统会在绘图区提示"选择基准点"，用鼠标在绘图区单击坐标系原点。系统在绘图区提示"输入 X 轴半径或选择一点"，在多边形管理器的半径 A 和半径 B 文本框中输入数值，绘图区自动生成一个淡蓝色高亮显示的椭圆，如图 2-72 所示。

③ 单击确定按钮⊘，完成椭圆的绘制，如图 2-73 所示。

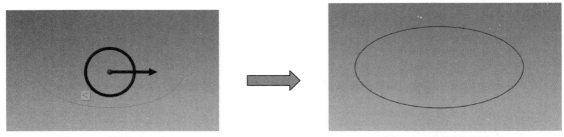

图 2-72　椭圆预显示　　　　　　　　　图 2-73　椭圆绘制完成

2.1.9　创建文字

利用文字命令绘制的文字是由线、弧、曲线组成的一个图形，可以直接生成刀具路径并用于加工。文字命令通常在数控机床雕刻时用于文字的绘制，数控机床雕刻主要分为线性雕刻、凹凸雕刻型雕刻和曲面性文字雕刻三种形式，用户可绘制出文字，进行参数设置，生成刀具路径，就可以在数控机床完成文字的雕刻。文字雕刻在牌匾雕刻、工艺品雕刻等方面应用比较多。

文字命令绘制文字的操作步骤：

① 在菜单栏依次选择"线框"—"文字"命令，系统弹出创建文字管理器。

② 在创建文字管理器中的"字幕（L）"文本框输入需要创建的文字，在"高度（T）"文本框中设置文字的高度。在对齐栏选择"圆弧"—"顶部"，半径文本框输入文字排布的半径数值。

③ 单击"样式（E）"栏后面的文字设置按钮🖭，进行字体、字形和字号的设置，字体选择"华文新魏"，字形选择"加粗"，字号选择"10 号"。

④ 用鼠标在绘图区点击选择文字的基准位置点，单击确定按钮⊘，文字绘制完成，如图 2-74 所示。

图 2-74　文字绘制

2.2 二维图形的编辑

在绘制二维图形时，我们经常需要对二维图形进行编辑修改，二维图形的编辑包括删除图形、恢复被删除图形、修剪\打断、连接等命令，下面我们进行详细介绍。

2.2.1 删除

绘制图形时，如果图形绘制错误或有多余不用的图素，我们就需要用到删除命令。

删除命令分为五种形式：

① ✖ 删除图素 命令：此命令可以删除绘图区已经绘制的指定图形，也可以指定删除的图形，按键盘上的 Delete 键，完成删除。

② ✖ 非关联图形 ：删除不关联刀路、操作或实体的图素。

③ ✖ 重复图形 ▾：对当前绘图区中的重复图素进行删除，只保留其中的一个同类型的图素，系统会自动显示删除重复图形对话框，如图 2-75 所示。重复图形删除完成后，系统会自动弹出删除重复图形反馈对话框，用户可以看到系统监测到的被删除的重复图素，如图 2-76 所示。

④ ✖ 高级 ：高级删除命令是指在删除重复图形命令的基础之上，基于 XYZ 位置并以选择重复图形的属性（颜色、线条、样式、层别、线框、点型）作为删除重复图形的条件，筛选删除重复图素。使用此命令选择图素确认后，系统会弹出删除重复图形对话框，如图 2-75 所示。按需求选择属性条件确认后，系统会弹出删除重复图形清单对话框，符合属性条件的相同图素将被删除，如图 2-76 所示。

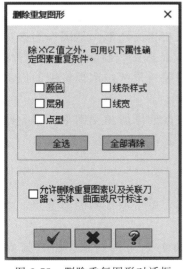

图 2-75　删除重复图形对话框

图 2-76　删除重复图形反馈对话框

⑤ ✖ 恢复图素 ：按照被删除的次序，重新恢复已经被误删的图素。

用删除命令删除图素的操作步骤：

① 在菜单栏依次选择"主页"—"删除图素"命令。

② 选择需要删除的图素，可以鼠标点选，也可以利用窗选、串连选择等多种选择方式。

2.2.2　修剪

该命令用于对已经生成的图素进行修剪，用户根据要求可对复杂图形进行修改。

修剪图素命令分为修剪到图素、修剪到点、多图素修剪、在相交处修改四种形式。

① ✎ **修剪到图素**：修剪两条或三条相交的图素。

a. 修剪单一物体：修剪一个图素，选择要修剪图素的保留端，然后选择与修剪图素相交的图素，系统就会完成单一物体的修剪，如图2-77所示。

图 2-77　修剪单一物体

b. 修剪两物体：将两个图素修剪到它们的交点。单击第一个图素，然后双击第二个图素，选择第二个图素时，单击要保留的图形部分，如图2-78所示。

图 2-78　修剪两物体

c. 修剪三物体：同时修剪三个图素到交点。单击鼠标选择的前两个图素作为修剪参考图素，选择的第三个图素充当修剪的目标图素。修剪三物体命令可用于将两条线与整圆相切的图形修剪为两条线与圆弧相切的图形。整圆作为选择的第三个图素，单击整圆的顶部或是底部，将会有不同的修剪结果，如果选择整圆的顶部将保留圆弧顶部，选择整圆的底部系统将保留圆弧底部，如图2-79所示。

图 2-79　修剪三物体

② ✎ **修剪到点**：在选定点处修剪相交图形。将直线、圆弧和样条曲线修剪到图素上选定的点。

操作步骤：

a. 选择修剪的图素。

b. 选择修剪图素的参考点。在参考图素上移动鼠标，单击捕捉到的参考点，系统会自动完成图素的修剪，如图2-80所示。

③ ✎ **多图素修剪**：将多条直线、圆弧或样条曲线修剪到所选图形，而无须修改修剪曲线。

操作步骤：

a. 选择要修剪的多个图素，单击"结束选择"按钮。

b. 选择要修剪的曲线。

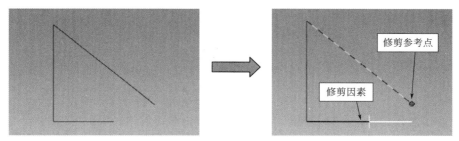

图 2-80　修剪到点

c. 指定修剪曲线要保留的位置，按回车键，完成多图素的修剪，如图 2-81 所示。

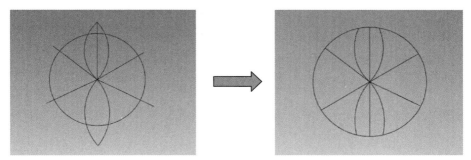

图 2-81　多图素修剪

2.2.3　打断

　　该命令用于在指定点打断图素，通常用于对已绘制图纸进行修改。打断命令在后续创建刀具路径时比较常用，选择串连图素时，一条线段的部分线段在刀具路径中出现，另外一部分不需要，我们就可以用打断命令打断线段，串连选择需要的线段部分。

　　打断命令分为打断成两段、在交点打断、打断成多段、打断至点四种。

　　① 打断成两段：在指定点打断图素。

　　操作步骤：在打断命令的子菜单选择"打断成两段"命令，选择打断的图素，指定打断的位置，如图 2-82 所示。

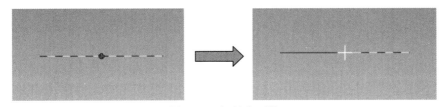

图 2-82　打断成两段

　　② 在交点打断：选择图形，在每个相交的位置打断。

　　操作步骤：在打断命令的子菜单选择"在交点处打断"命令，选择要打断的两条相交图素，按 Enter 键完成，如图 2-83 所示。

　　③ 打断成多段：将选择的直线、圆弧和样条曲线打断成多段。

　　操作步骤：在打断命令的子菜单选择"打断成多段"命令，选择要打断的两条相交图

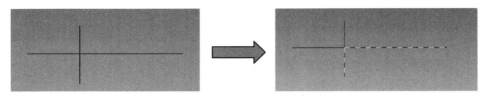

图 2-83　在交点打断

素，单击"结束选择"按钮，在打断成多段管理器中设置打断的数量，按 Enter 键完成，如图 2-84 所示。

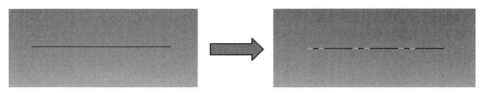

图 2-84　打断成多段

注意：使用"打断成多段"命令时，也可以通过参数设置里面的"距离"文本框设定打断的数量。

④ 打断至点：打断线弧及曲线至点。

操作步骤：在打断命令的子菜单选择"打断至点"命令，首先选择要打断的图素，再到图素上选择要打断的图素点，按 Enter 键完成，如图 2-85 所示。

图 2-85　打断至点

注意：使用"打断至点"命令时打断的图素里必须有点，才可以完成图素的打断。

2.2.4　分割

该命令可以将一个图形在相交处两点之间的部分剪掉，修剪的对象为直线、圆弧和样条曲线，此命令相比于修剪命令，容易操作，平时比较常用。分割命令也可以用于图素的打断。

操作步骤：在菜单栏调用"分割"命令，选择需要修剪的直线、曲线或圆弧等图素，用鼠标单击不需要的图素，该图素会在最近的与其他图素的交点处被剪掉。该命令在编辑二维图形时比较常用，类似于修剪命令，比修剪命令灵活，方便操作，如图 2-86 所示。

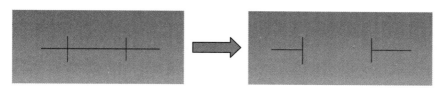

图 2-86　图素分割

2.2.5　连接

连接命令在 Mastercam 2020 二维图形的修改中比较常用，通常用于直线图素的连接和闭合。

操作步骤：在菜单栏调用"连接图素"命令，选择需要连接的图素，单击"结束选择"按钮，系统会自动完成图素的连接，如图 2-87 所示。

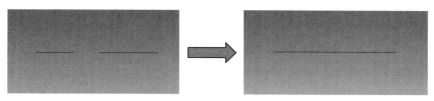

图 2-87　图素连接

连接命令分为连接图素和填充间隙两种形式。

注意："连接图素"命令可以用于同一条水平线上的两线段的连接，也可以用于一条直线打断后的连接。

2.2.6　封闭全圆

封闭全圆命令是通过延伸两端来封闭小于 360°的圆弧，将其转换为一个完整的圆。

操作步骤：在菜单栏调用"封闭全圆"命令，选择圆弧，单击"结束选择"按钮，系统会自动完成全圆的封闭，如图 2-88 所示。

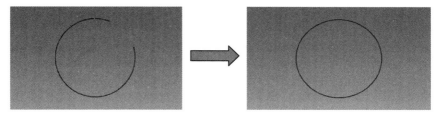

图 2-88　全圆封闭

【案例 2-3】　绘制如图 2-89 所示的五角星综合图形。

① 打开 Mastercam 2020 软件，采用默认设置，即构图平面设置为俯视图，视角也设置为俯视图，工作深度 Z 设置为 0。

② 调用命令。依次单击"线框"—"矩形"—"多边形"命令，绘图区的左方出现多

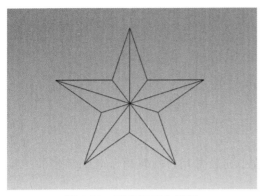

图 2-89　五角星综合图形

边形管理器。

③ 绘制五边形，单击绘图区的原点，将其作为五边形的基准点，在多边形管理器中，设置边数为 5，半径为 15，半径形式为外圆，单击确定按钮 ，完成五边形的绘制，如图 2-90 所示。

④ 绘制五角星的轮廓线，在菜单栏调用"连续线"命令，依次绘制五角星的五条边，如图 2-91 所示。

⑤ 删除五边形辅助线。在菜单栏调用"主页"—"删除"命令，选择五边形的五条边，按 Enter 键完成删除，如图 2-92 所示。

⑥ 修剪五角星边。在菜单栏调用"线框"—"分割"命令，依次单击五角星的每条边中间需要修剪的部分，如图 2-93 所示。单击确定按钮 ，五角星修剪完成，如图 2-94 所示。

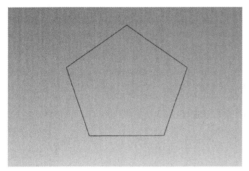

图 2-90　绘制五边形

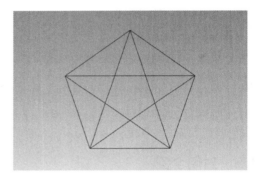

图 2-91　绘制五角星轮廓线

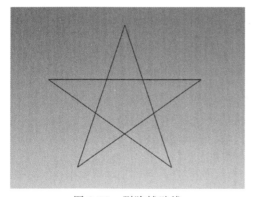

图 2-92　删除辅助线

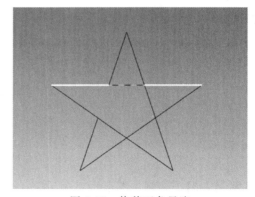

图 2-93　修剪五角星边

⑦ 绘制五角星的中心边。在菜单栏调用"连续线"命令，依次绘制五角星的五条中心边。绘制完成后的五角星，如图 2-95 所示。

图 2-94　五角星修剪完成

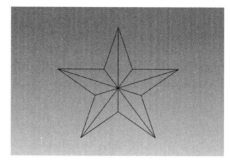

图 2-95　绘制五角星中心边

2.3　二维图形的转换

二维图形的转换功能是指通过对已绘制的几何图形进行位置、方向、尺寸、数量和大小的变换，从而得到新的几何图形的功能。二维图形的转换功能主要包括平移、3D 平移、镜像、旋转、比例缩放、偏移等功能。图形的转换功能在二维图形的编辑过程中起着非常关键的作用，灵活运用图形转换功能能够很大程度上提高绘图的效率。

2.3.1　平移

平移命令是指将选择的图素进行移动、复制或连接操作。该命令是将所选图形移动到指定的位置，仅对原图进行位置移动，不改变原图形尺寸、形状、方向。

平移的方式分为直角坐标、极坐标、两点或一条线（向量）三种方式。

① 直角坐标方式平移：使用直角坐标方式来定义平移方向，需要输入一个直角坐标，然后图形以该坐标为相对坐标进行平移；

② 两点间平移：使用平移起点和终点来进行平移，需要指定平移的起点和终点，然后图形平移到终点位置；

③ 极坐标方式平移：需要输入平移距离和角度，即一个极坐标，然后图形平移到该位置。

平移命令操作步骤：

① 在菜单栏依次选择"转换"—"平移"命令 ，系统弹出平移管理器界面，如图 2-96 所示。

参数含义：

◉ 复制(C) 选项：将所选图素的副本转换到绘图区的新位置，并保持原始图素位置不变。

◉ 移动(M) 选项：将所选择的图素转换到绘图区的新位置。

◉ 连接(J) 选项：将平移图素移动到新的位置，副本图素保持位置不变，同时将新图素与副本图素对应的交点相连，如图 2-97 所示。

图 2-96　平移管理器

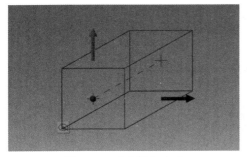

图 2-97　"连接"方式

重新选择(R) 按钮：单击此按钮以返回到图形窗口，重新选择要平移的图素。

编号（N）：`1` 文本框：设置执行转换命令的次数。

X：`30.0` 文本框：设置转换向量的 X 值，此值设置后系统会自动计算并在"长度"和"角度"文本框显示平移结果的对等值。

Y：`20.0` 文本框：设置转换向量的 Y 值，此值设置后系统会自动计算并在"长度"和"角度"文本框显示平移结果的对等值字段中显示值。

Z：`0.0` 文本框：设置转换向量的 Z 值，此值设置后系统会自动计算并在"长度"和"角度"文本框显示平移结果的对等值，如图 2-98 所示。

重新选择(T) 选项：单击以返回图形窗口，使用两个位置或一条直线选择平移向量。对增量设置中 X、Y、Z 轴的平移起点进行设置，此选项不选择，系统将默认图素的原始位置坐标为增量的起点。

长度（L）：`36.05551` 文本框：设置平移的向量长度值，此值设置后系统会自动计算并在"增量"所属文本框显示平移结果对等值。

角度（A）：`33.69007` 文本框：设置平移的向量角度值，此值设置后系统会自动计算并在"增量"所属文本框显示平移结果对等值，如图 2-99 所示。

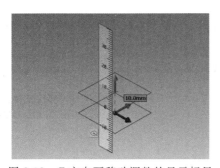

图 2-98　Z 方向可移动调整的显示标尺

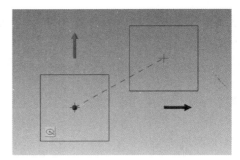

图 2-99　极坐标平移

⊙ 已定方向(D) 选项：系统会根据对话框中的值，将平移结果的方向更改为选择图素的原始方向。

⊙ 相反方向(P) 选项：系统会根据对话框中的值，朝相反方向更改结果的方向。

⊙ 双向(B) 选项：系统会根据对话框中的值，更改平移的结果方向，并创建正负方向上的两个平移结果，如图 2-100 所示。

② 系统会在绘图区提示"平移：选择要平移的图素"，用鼠标在绘图区选择平移的图素。单击结束选择按钮 ⊙ 结束选择 。在平移管理器中设置图素方式、实例编号、增量、极坐标、方向等选项和参数，如图 2-101 所示。

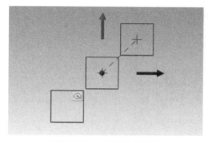

图 2-100　双向平移

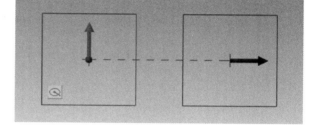

图 2-101　图素平移并复制

③ 单击确定按钮 ，完成图素的平移。

2.3.2　旋转

旋转是指在 2D 平面内将所选取的几何对象绕一个点旋转一定的角度。

旋转命令操作步骤：

① 在菜单栏依次选择"转换"—"旋转"命令。

② 根据系统提示，选择要旋转的图素，旋转的图素可以是二维图形、曲面和实体，单击结束选择按钮 结束选择 。

③ 在旋转管理器中设置图素方式、旋转中心点、数量、角度、方向等参数。

④ 单击确定按钮 ，完成图素的旋转，如图 2-102 所示。

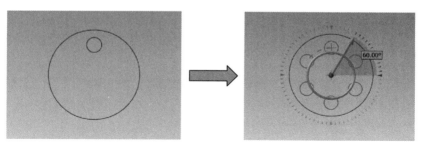

图 2-102　图素旋转

2.3.3　移动到原点

移动到原点命令可将所有可见的二维图形或三维模型移动到世界坐标系原点，该命令在编程加工时比较常用，方便建立工作坐标系，方便数控加工。

移动到原点命令操作步骤：

① 在菜单栏依次选择"转换"—"移动到原点"命令。

② 系统会自动选取绘图区的所有图素，系统提示"选择平移起点"，单击鼠标选择移动图素的几何中心点，系统会自动平移图素至绘图区的坐标系原点位置，如图 2-103 所示。

注意：通常在编辑加工刀具路径时，需要把图形的中心移动到工作坐标系的原点上，这样就可以保证工作坐标系与机床坐标系一致，方便数控加工。

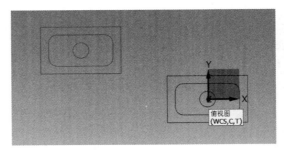

图 2-103 图形移动到原点

2.3.4 动态转换

动态转换是指选择图形和定位指针位置，对所选图素进行移动、复制、阵列和旋转等功能的转换。动态转换命令包含了我们之前学习过的平移、旋转、移动到原点命令，动态转换属于综合性的图素转换命令，动态转换命令可以实现对图素 3D 平面的旋转，此命令使用起来更加方便快捷。

动态转换命令操作步骤：

① 在菜单栏依次选择"转换"—"动态转换"命令。

② 系统在绘图区上方提示"选择图素/复制"，用鼠标框选转换的图素，单击"结束选择"按钮。

③ 绘图区自动出现红、绿、蓝坐标系，系统提示"选择指针的原点位置"，单击鼠标选择转换图素的几何中心点。

④ 绘图区红、绿、蓝坐标系有 X、Y、Z 方向的移动和旋转六个自由度，可以对图形进行变换，根据转换要求用鼠标调整坐标系对图形进行转换，如图 2-104 所示。

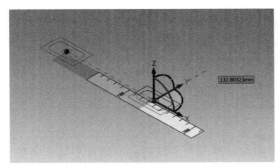

图 2-104 图形的动态转换

2.3.5 投影

投影功能，就是将原有的曲线投影到指定的平面或曲面上。投影是指将选中的图素投影到一个指定的平面上，从而产生新图形，该指定平面称为投影面，它可以是构图面、曲面或者是用户自定义的平面。

投影功能在数控曲面文字雕刻中比较常用，用于把平面中的文字投影在曲面上。

投影命令操作步骤：

① 在菜单栏依次选择"转换"—"投影"命令。

② 系统在绘图区上方提示"选择图素去投影",用鼠标框选投影的图素,单击"结束选择"按钮。

③ 在投影管理器中,选择图素方式为"复制",选择投影到为"平面"。系统在绘图区上方提示"选择实体面或曲面",用鼠标选择投影的曲面,单击"结束选择"按钮。

④ 单击确定按钮 ⊙,完成图素的投影,如图 2-105 所示。

2.3.6 镜像

镜像是将选取的对象以一条直线为对称轴进行移动或复制的操作,用以生成对称的图形。在二维图形绘制中,为了提高绘图的效率,对于对称的图形,通常只绘制图形的一半,另一半图形就可以用镜像命令完成绘制。

图 2-105　图素投影

镜像命令操作步骤:

① 在菜单栏依次选择"转换"—"镜像"命令。

② 系统在绘图区上方提示"选择图素",用鼠标框选需要镜像的图素,单击"结束选择"按钮。

③ 在镜像管理器中,在"轴"选项里选择"Y 轴",并单击"Y 轴"选项里文本框旁的选择按钮 ▷,用鼠标单击选择镜像图素最上方靠近对称轴侧的点,系统会自动生成一条虚线形式的镜像对称轴。

④ 单击确定按钮 ⊙,完成图素的镜像,如图 2-106 所示。

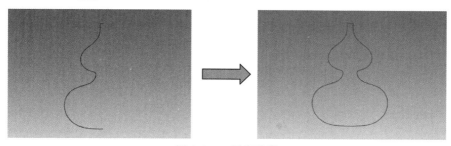

图 2-106　图素镜像

2.3.7 缠绕

缠绕命令可将选取的串连图素绕圆柱面进行缠绕或展开。缠绕命令通常用于数控四轴加工图形的绘制。

缠绕命令操作步骤:

① 在菜单栏依次选择"转换"—"缠绕"命令。

② 系统弹出线框串连对话框,单击选择"窗选"选项,系统在绘图区上方提示"缠绕:选择串连 1,绘制窗口以选择图素",用鼠标框选缠绕的图素,系统提示"输入草图的起始点",用鼠标单击绘图区缠绕图素的最左侧点为起点,单击线框串连对话框中的确定按钮 ⊙。

③ 在缠绕管理器中，设置"类型"为"缠绕"，"旋转轴"为"X"，直径为 15.0，"样式"为"直线和圆弧"，方向为"顺时针"。

④ 单击确定按钮⊘，完成图素的缠绕，如图 2-107 所示。

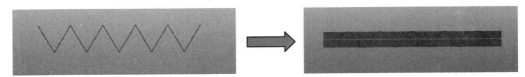

图 2-107　图素缠绕

2.3.8　单体补正

单体补正命令用于对原始图素进行平行式的移动、复制和连接，可按照指定的距离和方向对原始图素进行偏移，单体补正只能对单一的图素进行偏移。

单体补正命令操作步骤：

① 在菜单栏依次选择"转换"—"单体补正"命令。

② 系统在绘图区上方提示"选择补正、线、圆弧、曲线或曲面曲线"，用鼠标单击选择补正的图素，系统提示"指示补正方向"，用鼠标单击将要补正的图素的一侧，系统会自动生成补正后的图素。

③ 单击确定按钮⊘，完成图素的单体补正，如图 2-108 所示。

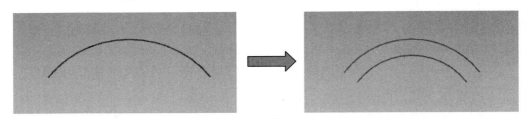

图 2-108　单体补正

2.3.9　串连补正

串连补正命令是指利用串连选择对原始图素进行平行式的移动、复制和连接，按照指定的距离和方向对原始图素进行偏移，串连补正可以同时对多个原始图素进行偏移。

串连补正命令选择图素的常用方式有串连和框选，并且需要根据系统提示，指定草图的起始点，在串连补正的原始图素上任意一个基点上单击即可，如图 2-109 所示。

串连补正命令操作步骤与单体补正相同。

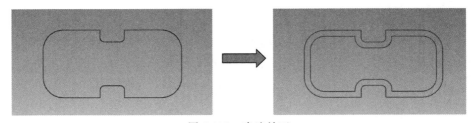

图 2-109　串连补正

2.3.10　阵列

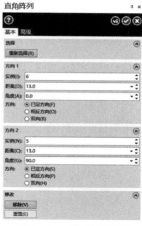

图 2-110　阵列管理器

阵列功能是指将选取的图素沿着指定的方向、数量、距离和角度，以网格行列的形式进行实体复制。在绘制均等且排布有规律的多个图素时，选择阵列功能将非常方便。

阵列命令适用于散热、透气、透风、透水等零件加工中二维图形的绘制。

阵列命令操作步骤：

① 在菜单栏依次选择"转换"—"阵列"命令。

② 系统在绘图区上方提示"选择图素"，用鼠标单击选择阵列的图素，单击"结束选择"按钮。

③ 在阵列管理器中，设置"方向 1"和"方向 2"中的实例、距离、角度、方向等参数，如图 2-110 所示；

④ 单击确定按钮，完成图素的阵列，如图 2-111 所示。

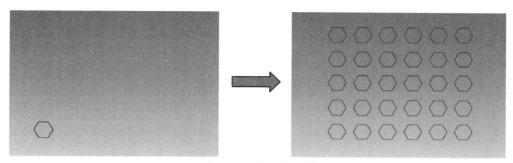

图 2-111　阵列效果图

2.3.11　比例

比例功能是指将选取的图素以某一点作为中心点按比例或不等比例进行缩放的操作。

比例命令在数控加工中比较常见，当零件的毛坯尺寸比设计尺寸偏小时，在不影响零件使用性能的前提下，可以采用比例命令对图形进行比例缩放。

比例命令操作步骤：

① 在菜单栏依次选择"转换"—"比例"命令。

② 系统在绘图区上方提示"选择图素"，用鼠标单击选择缩放的图素，单击"结束选择"按钮。

③ 在比例管理器中，设置参考点、编号（数量）、样式、缩放比例系数等参数。

④ 单击确定按钮，完成图素的比例缩放，如图 2-112 所示。

【案例 2-4】　利用偏移、旋转等编辑命令，绘制如图 2-113 所示的风轮二维图形。

绘制步骤：

（1）绘制中心线

① 设置绘图工作环境。采用系统默认设置，即构图平面为俯视图，视角也为俯视图，工作深度 Z 为 0，如果不是，请修改。

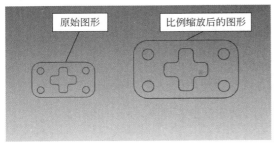

图 2-112　图素比例缩放

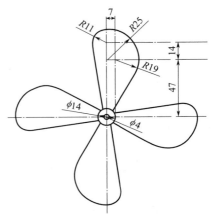

图 2-113　风轮二维图形

② 绘制水平中心线。选用线框菜单中的"连续线"命令，以工作坐标系原点为直线的起点，绘制两条长度为 80mm，方向相反的水平线，如图 2-114 所示。

③ 绘制垂直中心线。选用线框菜单中的"连续线"命令，以工作坐标系原点为直线的起点，绘制长度为 80mm，方向相反的两条垂直线，如图 2-115 所示。

图 2-114　水平中心线

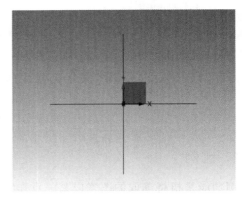

图 2-115　垂直中心线

④ 偏移水平中心线。选用转换菜单中的"单体补正"命令，以工作坐标系原点右侧的水平线为偏移目标，依次向 Y 轴正方向偏移距离 47mm 和 14mm，如图 2-116 所示。

⑤ 偏移垂直中心线。选用转换菜单中的"单体补正"命令，以工作坐标系原点上方的垂直线为偏移目标，向 X 轴正方向偏移距离为 7mm，如图 2-117 所示。

⑥ 修改线型为点画线。按住鼠标左键，全选中心线图素，如图 2-118 所示，单击鼠标右键，在系统弹出的属性对话框中修改"线型"为点画线，如图 2-119 所示。

（2）绘制圆

① 绘制 R11 和 R19 圆。选用线框菜单中的"已知点画圆"命令，依次绘制 R11 和 R19 圆，如图 2-120 所示。

② 绘制 ϕ4 和 ϕ14 圆。选用线框菜单中的"已知点画圆"命令，依次绘制 ϕ4 和 ϕ14 圆，如图 2-121 所示。

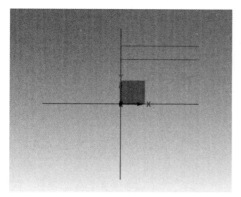

图 2-116　偏移水平中心线

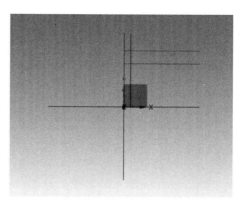

图 2-117　偏移垂直中心线

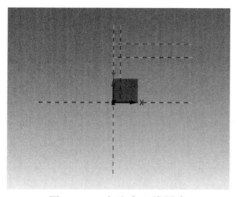

图 2-118　全选中心线图素

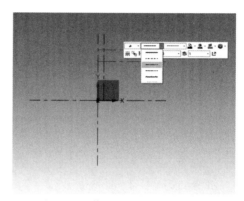

图 2-119　修改"线型"为点画线

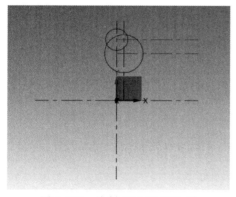

图 2-120　绘制 $R11$ 和 $R19$ 圆

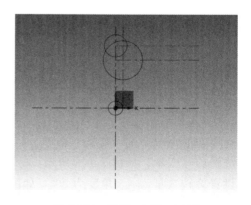

图 2-121　绘制 $\phi4$ 和 $\phi14$ 圆

③ 绘制 $R25$ 圆弧。选用线框菜单中的"切弧"命令，在切弧管理器中选择"两物体切弧"。单击鼠标左键依次在 $R11$ 和 $R19$ 圆的右侧相切位置选择相切圆弧，系统会出现两个相切圆弧，如图 2-122 所示，用户单击鼠标左键选择右上角的切弧即可，如图 2-123 所示。

④ 绘制 $R11$ 与 $R2$ 公切线。选用线框菜单中的"连续线"命令，在连续线管理器中，

勾选"相切"选项。单击鼠标左键依次在 $R11$ 和 $\phi4$ 圆的侧面相切位置选择相切圆弧，如图 2-124 所示。

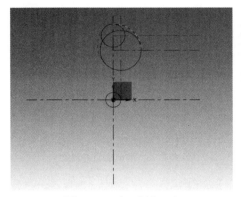

图 2-122　切弧预显示

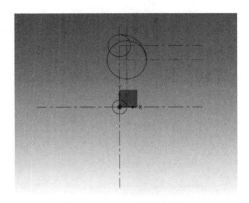

图 2-123　切弧保留端

（3）修剪

选用线框菜单中的"分割"命令。单击鼠标左键依次选择图形中多余的图素进行修剪，如图 2-125 所示。

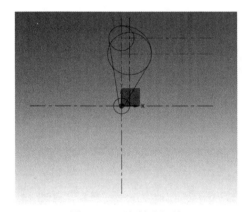

图 2-124　绘制公切线

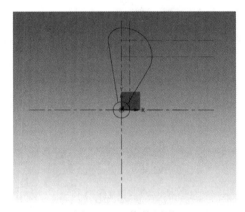

图 2-125　修剪图形

（4）旋转

① 选用转换菜单中的"旋转"命令。

② 选择旋转图素，如图 2-126 所示。

③ 设置旋转数量为 4，角度为 90°，如图 2-127 所示。

④ 旋转完成，如图 2-128 所示。

（5）删除辅助线

选用主页菜单中的"删除图素"命令，依次删除图形中的辅助线。

（6）修改图形线宽

按住鼠标左键选中图形，单击鼠标右键，在系统弹出的属性对话框中修改"线宽"，如图 2-129 所示。

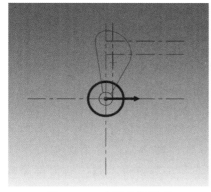

图 2-126　选择旋转图素

图 2-127　旋转管理器参数设置

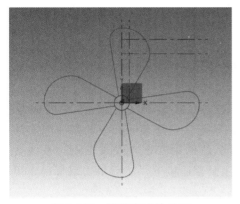

图 2-128　旋转完成效果图

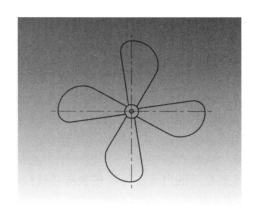

图 2-129　修改图形线宽

2.4　图形的尺寸标注

　　图形的标注是二维图形以及三维图形绘制中很重要的一部分。Mastercam 2020 作为工业制造领域中最主流的一款软件，为用户提供了丰富的标注功能。图形尺寸标注分为标注尺寸、快速标注、图形注释、剖面线、多重编辑和标注设置等六种。

　　用户可以根据绘图需求进行系统标注设置，方便快捷地对几何图形进行各种形式的尺寸标注、添加说明文字、添加说明符号和进行图案填充，从而更完整、准确地表达设计者的设计意图。

2.4.1　标注尺寸

　　标注尺寸是指对已经绘制好的图形进行各种尺寸的标注，包括水平标注、垂直标注、平行标注、基线标注、串连标注、直径标注、角度标注、相切标注和点位标注，用户可根据图形尺寸的属性选择合适的功能进行标注。

　　（1）水平标注

　　水平标注命令用于标注两点间的水平距离。这两个点可以是选取的两点，也可以是直线的两个端点。

水平标注命令操作步骤：

图 2-130　水平标注管理器

① 在菜单栏依次选择"标注"—"水平"命令。

② 系统在绘图区上方提示"指定第一个端点"，用鼠标单击选择尺寸标注的第一个端点。系统继续提示"指定第二个端点"，用鼠标单击选择尺寸标注的第二个端点，系统会自动生成黄色高亮显示的尺寸标注，用鼠标移动尺寸标注至合适位置，然后单击鼠标确定尺寸标注的位置。

③ 在水平标注管理器中，设置角度定位、延伸线、引导线、箭头、字型格式和小数位等参数，通常都是按默认参数标注，用户也可根据实际需要进行相关参数设置，如图 2-130 所示。

④ 单击确定按钮，完成图素的水平标注，如图 2-131 所示。

（2）垂直标注

垂直标注命令用于标注两点间的垂直距离

垂直标注命令操作步骤：

① 在菜单栏依次选择"标注"—"垂直"命令。

② 系统在绘图区上方提示"选择直线"，用鼠标单击选择尺寸标注的第一条直线。系统继续提示"选择直线或点"，用鼠标单击选择尺寸标注的第二个直线或端点，系统会自动生成黄色高亮显示的尺寸标注，用鼠标移动尺寸标注至合适位置，然后单击鼠标确定尺寸标注的位置。

③ 在标注管理器中，设置角度定位、延伸线、引导线、箭头、字型格式和小数位等参数，通常都是按默认参数标注，用户也可根据实际需要进行相关参数设置。

④ 单击确定按钮，完成图素的垂直标注，如图 2-132 所示。

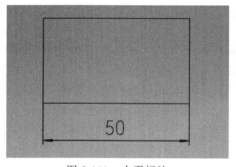

图 2-131　水平标注

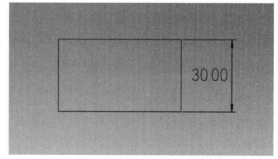

图 2-132　垂直标注

（3）平行标注

平行标注命令用于标注任意两点间的距离。这两点可以是选取的两点，也可以是直线的两个端点。

平行标注命令操作步骤：

① 在菜单栏依次选择"标注"—"平行"命令。

② 系统在绘图区上方提示"指定第一个端点"，用鼠标单击选择尺寸标注的第一个端点。系统继续提示"指定第二个端点"，用鼠标单击选择尺寸标注的第二个端点，系统会自动生成黄色高亮显示的尺寸标注，用鼠标移动尺寸标注至合适位置，然后单击鼠标确定尺寸标注的位置。

③ 在平行标注管理器中，设置角度定位、延伸线、引导线、箭头、字型格式和小数位等参数，通常都是按默认参数标注，用户也可根据实际需要进行相关参数设置。

④ 单击确定按钮，完成图素的平行标注。

（4）基线标注

基线标注命令以已有的线性标注（水平、垂直或平行标注）为基准对一系列点进行线性标注，基线标注的特点是各尺寸为并联形式，已有的线性尺寸将成为其他标注尺寸的基准或标注中尺寸线的零点。

基线标注命令操作步骤：

① 在菜单栏依次选择"标注"—"基线"命令。

② 系统在绘图区上方提示"选择线性标注"，用鼠标单击已经存在的尺寸标注作为当前尺寸标注的基线。系统继续提示"指定第二个端点"，用鼠标单击选择基线标注的第二个端点，系统会自动生成用户指定的尺寸标注，如果还有尺寸需要标注，用户只需指定第二个端点，系统会根据线性尺寸标注自动生成由指定点到基线的尺寸标注，如图 2-133 所示。

（5）串连标注

串连标注以已有的线性标注为基准对一系列点进行线性标注，串连标注的特点是各尺寸为串连形式。

串连标注命令操作步骤：

① 在菜单栏依次选择"标注"—"串连"命令。

② 系统在绘图区上方提示"选择线性标注"，用鼠标单击已经存在的尺寸标注作为当前尺寸标注的基准。系统继续提示"指定第二个端点"，用鼠标单击选择串连标注的第二个端点，系统会自动生成新的尺寸标注，如果还有尺寸需要标注，用户只需指定第二端点，系统会根据线性尺寸标注自动生成由指定点到基线的尺寸标注，如图 2-134 所示。

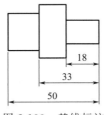

图 2-133　基线标注

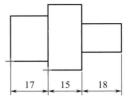

图 2-134　串连标注

（6）直径标注

直径标注用于标注圆弧半径或直径尺寸。

直径标注命令操作步骤：

① 在菜单栏依次选择"标注"—"直径"命令。

② 系统在绘图区上方提示"选择圆弧以绘制圆形标注"，用鼠标单击需要标注的圆弧。系统会在绘图区自动生成黄色高亮显示可移动的圆弧尺寸标注，用鼠标移动圆弧尺寸标注至

合适位置，单击鼠标左键确认，半径标注与直径标注的选择在绘图区左侧的直径管理器中完成，如图 2-135 所示。

（7）角度标注

角度标注命令用来标注两条不平行直线的夹角。

角度标注命令操作步骤：

① 在菜单栏依次选择"标注"—"角度"命令。

② 系统在绘图区上方提示"选择直线或中心轴点"，用鼠标单击角度标注的直线或中心轴点。系统继续提示"选择基点相对方法的基点"，用鼠标单击选择标注角度的另一条边，系统会在绘图区自动生成黄色高亮显示可移动的角度尺寸标注，用鼠标移动角度尺寸标注至合适位置，单击鼠标左键确认，如图 2-136 所示。

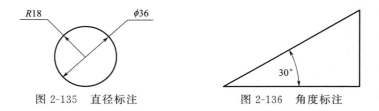

图 2-135 直径标注   图 2-136 角度标注

（8）相切标注

相切标注命令用来标注圆弧与点、圆弧与直线、圆弧与圆弧之间水平或垂直方向的距离。

相切标注命令操作步骤：

① 在菜单栏依次选择"标注"—"相切"命令。

② 系统在绘图区上方提示"绘制尺寸标注（相切）"，用鼠标单击选择绘图区需要相切标注的圆或圆弧。系统继续提示"选择一圆弧，直线或点"，用鼠标单击选择一个圆弧、直线或点，系统会在绘图区自动生成黄色高亮显示可移动的相切尺寸标注，用鼠标移动相切尺寸标注至合适位置，单击鼠标左键确认，如图 2-137 所示。

（9）点位标注

点位标注命令用于标注选取点的坐标。可以设置只标注 X、Y 坐标，也可以设置为 X、Y、Z 坐标都标注。

点位标注命令操作步骤：

① 在菜单栏依次选择"标注"—"点位"命令。

② 系统在绘图区上方提示"选择点以绘制点位标注"，用鼠标单击选择绘图区需要标注的点。系统继续提示"指定草图点位标注的文字位置"，用鼠标移动绘图区黄色高亮显示可移动的点位尺寸标注至合适位置，单击鼠标左键确认，如图 2-138 所示。

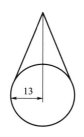   

图 2-137 相切标注   图 2-138 点位标注

2.4.2　快速标注

快速标注可以进行除基准标注、串连标注和顺序标注外的所有尺寸标注。在进行"快速标注"时，选取的几何对象不同，尺寸标注类型也不同。例如选取直线时，标注为线性尺寸；选取圆或圆弧时，标注为直径或半径；选取斜线时，标注为角度或长度；当选取直线和圆时，标注为相切尺寸。

快速标注功能也可用于对已标注尺寸的拖拽，变换已标注尺寸的位置。

快速标注命令操作步骤：

① 在菜单栏依次选择"标注"—"快速标注"命令。

② 系统在绘图区上方提示"选择线性标注的第一个点，选择直线以绘制线性标注，选择圆弧以绘制圆形标注，选择要编辑（拖拽）的标注"，用鼠标单击选择绘图区需要标注的图素。系统会在绘图区自动生成黄色高亮显示可移动的图素尺寸标注，用鼠标移动标注尺寸至合适位置，单击鼠标左键确认。

当我们标注的图形中尺寸种类繁多时，我们就可以用"快速标注"一种命令完成图形中多数尺寸的标注，操作方便快捷，如图 2-139 所示。

2.4.3　图形注释

在绘制二维图形时，当我们完成图形中的尺寸标注后，如果还不能对图形起到全面的解释时，就需要加入注释文字来对图形进行进一步的说明。

图形注释命令操作步骤：

① 在菜单栏依次选择"标注"—"注释"命令。

② 在绘图区左侧的注释管理器中输入图形注释的文字，系统会在绘图区上方提示"创建标签：显示引导线箭头位置，按住'End'键使用其他注释的属性"，用鼠标单击选择注释文字的引导线起点，系统会在绘图区自动生成黄色高亮显示可移动的文字注释，移动文字注释至合适的位置，单击鼠标左键确认。

③ 单击确定按钮，完成图形的文字注释，如图 2-140 所示。

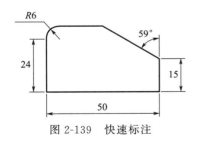

图 2-139　快速标注

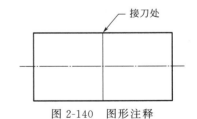

图 2-140　图形注释

2.4.4　剖面线

剖面线指在选择的封闭区域内绘制指定图案、间距及旋转角的剖面线图案。通常在绘制剖视图时比较常用。

剖面线命令操作步骤：

① 在菜单栏依次选择"标注"—"剖面线"命令。

② 系统在绘图区上方提示"相交填充：选择串连1"，用鼠标单击选择绘图区需要用剖面线填充的图形。系统会在绘图区自动生成淡蓝色高亮显示的剖面线。

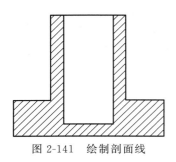

图 2-141　绘制剖面线

③ 单击确定按钮 ，完成图形的剖面线填充。

剖面线填充案例如图 2-141 所示，此图形中，中心部位无剖面线，选择剖面线图素时，需要用打断命令把图形最上方的直线打断成三段，用部分串连选项完成图素的选择。

2.4.5　多重编辑

多重编辑用于对已标注的尺寸进行编辑，通过改变图形标注的设置来更新选取的图形，多重编辑在尺寸标注修改时比较常用。

多重编辑命令操作步骤：

① 在菜单栏依次选择"标注"—"多重编辑"命令。

② 系统在绘图区上方提示"选择图素"，用鼠标单击选择绘图区需要编辑的尺寸标注，用户可以选取一个或多个尺寸标注，单击绘图区正上方的结束选择按钮 结束选择 ，系统会自动弹出自定义选项对话框。

③ 用户可以在自定义选项对话框中对尺寸标注的各项参数进行修改，参数包括尺寸属性、尺寸文字、注释文字、引导线/延伸线、尺寸标注等，通过改变图形标注的设置来更新选择的图形标注，这与快捷方式中的自定义选项功能相同，通常选择系统默认设置。如果用户对尺寸标注中的尺寸数字进行修改，需要在所对应的尺寸标注管理器中，单击"编辑文字"功能，进行尺寸数字的更改。

④ 单击确定按钮 ✓ ，完成尺寸标注的多重编辑设置。

2.4.6　标注设置

标注设置用于全面修改已标注的内容，包括文字、文字位置、箭头、公差等。用户在进行图形标注时，可以采用系统的默认设置，也可以在标注前或标注过程中对其进行设置。

标注设置操作步骤：

在菜单栏依次选择"文件"—"配置"，在系统配置对话框中选择"标注与注释"命令，系统会进入标注设置界面。或在菜单栏依次选择"标注"—"多重编辑"，也可以进入标注设置界面，"多重编辑"与"尺寸设置"是同一个设置界面。或单击尺寸标注命令栏里的尺寸标注设置按钮 ⌐ ，也可以进入标注设置界面。

（1）尺寸属性

尺寸属性选项卡可对尺寸标注的属性进行设置，如图 2-142 所示。

选项卡各项含义说明：

① 坐标栏：该栏用来设置尺寸文本的格式、小数位数、比例。

② 文字自动对中栏：当选中"文字位于两箭头中间"复选框，系统自动将尺寸文字放置在尺寸界线的中间，否则可以移动尺寸文字的位置。

③ 符号栏：该栏用来设置半径、直径及角度的尺寸文字格式。

④ 公差栏：该栏用来设置线性及角度的公差格式，线性用于设置标注的尺寸偏差。

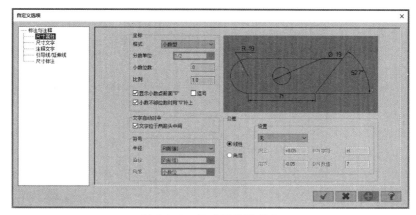

图 2-142　尺寸属性选项卡

（2）尺寸文字

尺寸文字选项卡用来设置尺寸文字的属性，如图 2-143 所示。

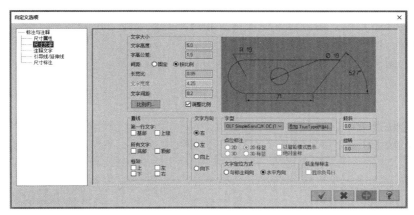

图 2-143　尺寸文字选项卡

选项卡各项含义说明：

① 文字大小栏：用来设置尺寸文字高度、公差、间距、长宽比、比例等规格。

② 直线栏：用于设置在字符上添加基准线的方式。

③ 文字方向栏：用于设置不同的字符排列方向。

④ 字型栏：用于设置尺寸文字的字体。

⑤ 点位标注栏：用来设置点坐标的标注格式。

⑥ 文字定位方式栏：用于设置尺寸文字的位置方向。

⑦ 纵坐标标注栏：用来设置纵坐标标注是否显示负号。

⑧ 倾斜栏：用于设置文字字符的倾斜角度。

⑨ 旋转栏：用于设置文字字符的旋转角度。

（3）注释文字

在自定义选项对话框中，单击"注释文字"选项，系统将显示注释文字设置页面，如图 2-144 所示。

注释文字选项卡，用来设置注释文字的属性。其选项卡中的选项及含义与尺寸文字选项

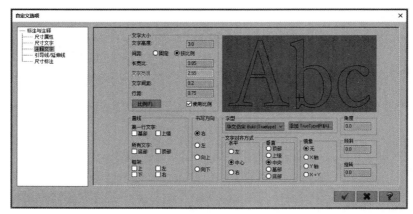

图 2-144　注释文字选项卡

卡中的选项及含义基本相同。

选项卡各项含义说明：

① 文字大小栏：用来设置文字高度、间距、行距比例等。

② 文字对齐方式栏：用来设置注释文字相对于指定基准点的位置。

③ 镜像栏：用来设置注释文字的镜像效果。

④ 角度、倾斜和旋转输入框分别用来设置整个注释文字的旋转角度、倾斜角度和文字旋转角度。

⑤ 示例框：显示注释文字效果及与基准点的相对位置。

（4）引导线/延伸线

在自定义选项对话框中，单击"引导线/延伸线"选项，系统将显示引导线/延伸线选项卡，如图 2-145 所示。

引导线/延伸线选项卡，用来设置尺寸线、尺寸界线及箭头的格式。

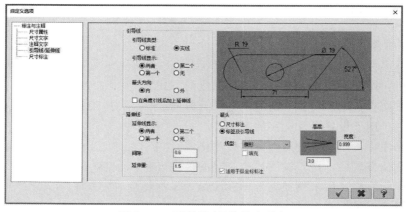

图 2-145　引导线/延伸线选项卡

选项卡各项含义说明：

① 引导线栏：该栏用来设置尺寸标注的尺寸线及箭头的格式。

引导线类型选项：用来设置尺寸线的样式。当选择"标准"选项时，尺寸线由两条线组成；当选择"实线"选项时，尺寸线由一条线组成。

引导线显示选项：用来设置尺寸线的显示方式。

箭头方向选项：用来设置箭头的位置。

"在角度引线之后加上延伸线"复选框被选中，角度标注尺寸文字位于尺寸界线之外时，尺寸文字与尺寸界线有连线；否则，尺寸文字与尺寸界线无连线。

② 延伸线栏：该栏用来设置尺寸界线的格式。

延伸线显示选项：用来设置尺寸界线的显示方式。

间隙输入框：用来设置尺寸界线的间隙。

延伸量输入框：用来设置尺寸界线的延伸量。

③ 箭头栏：该栏用于设置尺寸标注和图形注释中的箭头样式和大小。

当选择"尺寸标注"单选按钮时，进行尺寸标注中箭头样式和大小的设置；当选择"标签及引导线"单选按钮时，可以进行图形注释中箭头样式和大小的设置。

线型下拉列表框：用来选择箭头的样式。

高度和宽度输入框：分别用来设置箭头的高度和宽度。

适用于纵坐标标注复选框：使用垂直标注命令标注纵坐标尺寸时，设置尺寸线是否带有箭头。

（5）尺寸标注

尺寸标注整体设定选项卡，用来设置图形标注中的其他参数，如图 2-146 所示。

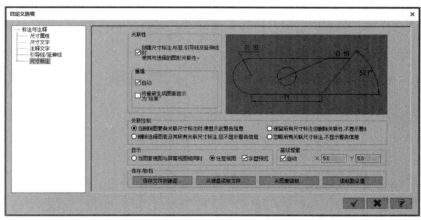

图 2-146　尺寸标注整体设定选项卡

选项卡各项含义说明：

① 关联性选项栏：用来设置图形标注的关联属性。

② 显示选项栏：用来设置图形标注的显示方式。

③ 基线增量选项栏：用来设置在基准标注时标注尺寸的位置。

④ 保存/取档选项栏：用来进行有关设置文件的操作。

保存文件到硬盘按钮：可将当前的标注设置存储为一个文件。

从硬盘读取文件按钮：可打开一个设置文件并将其设置作为当前的标注设置。

从图素读取按钮：可将选取的图形标注设置作为当前标注设置。

读取默认值按钮：可使系统取消标注设置的所有改变，恢复系统的默认设置。

2.5　二维绘图综合实例

根据图形形状和尺寸要求，绘制如图 2-147 所示的二维图形，并标注尺寸。

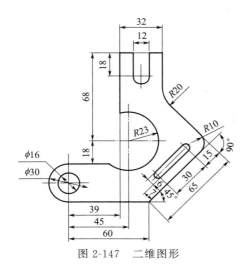

图 2-147　二维图形

① 打开 Mastercam 2020，采用系统默认设置，构图平面为俯视图，视角也为俯视图，工作深度 Z 为 0。

② 绘制图形底端轮廓。

在菜单栏依次选择"线框"—"连续线"命令。用鼠标在绘图区单击确定连续线的起点，在绘图区左侧的连续线管理器中的长度文本框里输入 30，按 Enter 键确认。以同样的方法分别绘制长度为 60、65 的直线。绘制长度为 65 直线时，在角度文本框里输入直线的角度 45。调用"垂直正交线"命令，绘制与长度为 65 的直线垂直正交，长度为 60 的直线，如图 2-148 所示。

③ 绘制图形顶端轮廓。

在菜单栏依次选择"线框"—"连续线"命令。用鼠标在绘图区单击以确定连续线的起点，在绘图区左侧的连续线管理器中的长度文本框里输入 39，按 Enter 键确认。以同样的方法分别绘制首尾相接的 86、32、50 的直线，如图 2-149 所示。

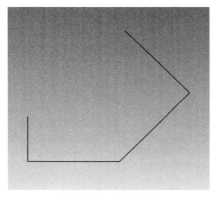

图 2-148　底端轮廓

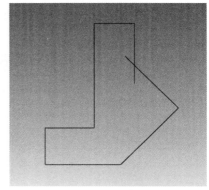

图 2-149　顶端轮廓

④ 绘制图形中部 $R23$ 的圆。

在菜单栏依次选择"线框"—"已知点画圆"命令。通过"相对点"功能找到圆心点，单击绘图区上方的选择过滤器中的"光标"功能，系统会出现下拉菜单，用鼠标选择"相对点"功能 ↓ 相对点 ，单击长度为 39 的直线的起点作为参考点，系统会出现彩色的二维坐标系，用鼠标拖动坐标系向右移动，并用键盘输入 45，按两次 Enter 键确认，如图 2-150 所示。用鼠标拖动坐标系向上移动，并用键盘输入 18，按三次 Enter 键确认完成，系统会在绘图区自动出现灰色虚线状的圆，在绘图区左侧的已知点画圆管理器中的半径文本框里输入

23，按 Enter 键确认，圆绘制完成，如图 2-151 所示。

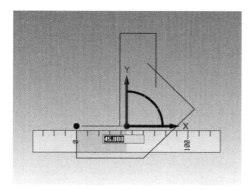

图 2-150　使用相对点捕捉圆心

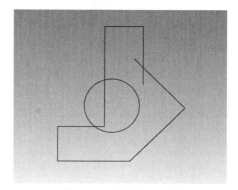

图 2-151　绘制 R23 圆

⑤ 绘制图形中部 φ16 和 φ30 同心圆。

在菜单栏依次选择"线框"—"已知点画圆"命令。捕捉长度为 30 的垂直线中点，把鼠标移动到直线的中点位置处，实线会变成虚线，并在直线中点处出现绿色的中点符号，用鼠标单击中点符号，系统会在绘图区自动出现灰色虚线状的圆，在绘图区左侧的已知点画圆管理器中的直径文本框里输入 16，按 Enter 键确认，以同样的方法完成 φ30 圆的绘制，同心圆绘制完成，如图 2-152 所示。

⑥ 绘制图形顶端的 U 形槽。

在菜单栏依次选择"转换"—"单体补正"命令。在绘图区左侧的偏移图素管理器中的距离文本框里输入 10，按 Enter 键，单击绘图区长度为 50 的垂直线作为补正的图素，在垂直线的左侧任意位置单击，确定补正的方向，系统会自动生成一条补正线，按 Enter 键。以同样的办法完成补正距离为 12 和 18 的线段，完成图形补正。选择"两点画圆"命令绘制直径为 12 的圆弧，U 形槽绘制完成，如图 2-153 所示。

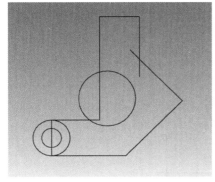

图 2-152　绘制 φ16 和 φ30 同心圆

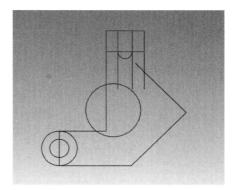

图 2-153　绘制顶端 U 形槽

⑦ 绘制宽度为 6 的键槽。

使用⑥中讲过的"单体补正"命令，完成键槽四条边的补正。选择"两点画圆"命令绘制直径为 6 的两个圆弧，键槽绘制完成，如图 2-154 所示。

⑧ 图形的修剪。

在菜单栏依次选择"线框"—"分割"命令。使用"分割"命令修剪图形中多余的图素，用鼠标单击多余的图素修剪并删除，修剪完成，如图 2-155 所示。选择"图素倒圆角"命令完成 $R10$ 和 $R20$ 的圆角绘制，圆角绘制完成，如图 2-156 所示。

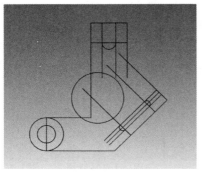

图 2-154　绘制底座阶梯孔中心线

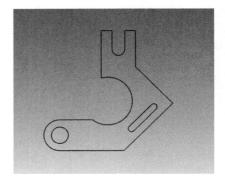

图 2-155　修剪图形

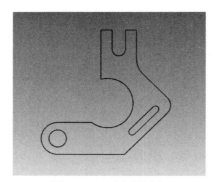

图 2-156　图素倒圆角

⑨ 图形的尺寸标注。结果如图 2-147 所示。

 习题

根据本章节所学内容，绘制以下综合二维图形。

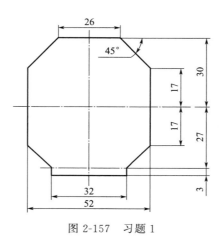

图 2-157　习题 1

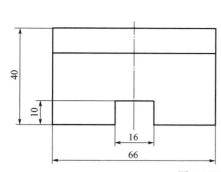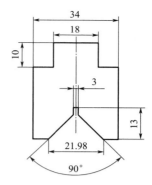

图 2-158 习题 2

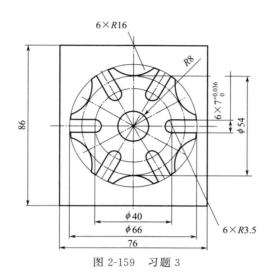

图 2-159 习题 3

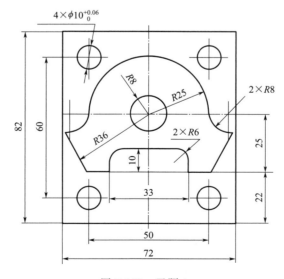

图 2-160 习题 4

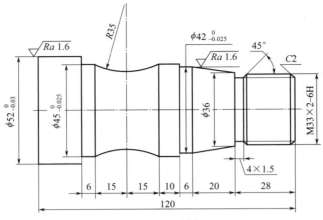

图 2-161 习题 5

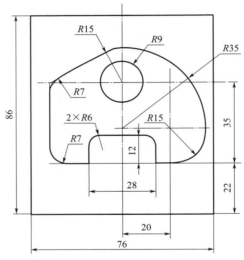

图 2-162 习题 6

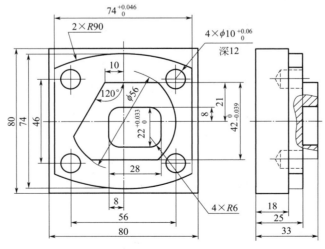

图 2-163 习题 7

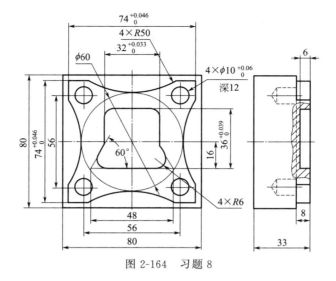

图 2-164 习题 8

第3章

三维曲面造型设计
与编辑

Mastercam 2020 软件为用户提供了丰富的三维曲面设计与编辑功能。三维曲面设计是在二维图形绘制的基础上进行的，曲面造型应用于工业制造领域中复杂曲面类零件的设计。

三维模型的表现形式分为三维线框模型、曲面模型、实体模型三种。三维线框模型主要由点、直线、曲线组成，用于描述三维对象的轮廓及断面特征，主要为方便定义曲面的边界和横截面做准备。

曲面模型是以线框模型为基础，通过定义和编辑各曲面模块特征来创建曲面模型，曲面模型可以模拟出模型的真实形状，模型的重量等物理特性不能体现出。

实体模型具有清晰的轮廓特征，又有明确的物理特征，实体模型是三维模型中最常用的表现形式，本章重点介绍线框模型和曲面模型，实体模型在第 4 章介绍。

3.1 构图面、构图深度及视角

3.1.1 三维空间坐标系

Mastercam 2020 的设计环境中提供了两种坐标系，即系统坐标系和工作坐标系（WCS）。这两种坐标系一般情况下是重合的，其各轴正方向符合右手定则，如图 3-1 所示。

① 系统坐标系是固定不变的，坐标系原点为（0，0，0），显示于绘图区的左下方，如图 3-2 所示。

② 工作坐标系是为了方便设计而临时定义并使用的坐标系。在设计过程中，工作坐标系是可以根据用户的需要进行变化的，如图 3-3 所示。

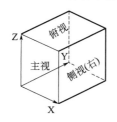

图 3-1　笛卡儿坐标系

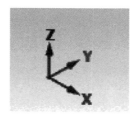

图 3-2　系统坐标系

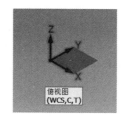

图 3-3　工作坐标系

通常我们在绘制铣削类零件图形时都会把工作坐标系的原点建立在零件的几何中心，车削类零件的坐标系原点通常建立在零件右端面的几何中心。

3.1.2　构图平面

构图平面是指当前绘图操作在三维空间中所在的二维平面，是创建平面图形的平台。

在 Mastercam 2020 中所有的图素都是在构图平面上绘制的，必须将复杂的三维设计简化为二维设计，因此引入构图平面的概念。

① Mastercam 2020 系统为用户提供了 9 种构图平面，在二维设计中通常选择 XY 平面绘图，在三维设计中可以选择系统里的构图平面或选择用户自定义的构图平面。

② 构图平面可以通过状态栏中的"绘图平面"按钮进行设置，这里提供了若干种用户可以定义的构图平面。其中子菜单各选项功能，如图 3-4 所示。构图平面为前视图的绘制案例，如图 3-5 所示。

图 3-4　绘图平面子菜单

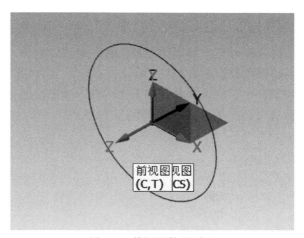

图 3-5　前视图构图平面

3.1.3　构图深度

当构图平面设定好以后，所绘制的图形就产生在平行于所设构图平面的平面上，但是与设定构图平面平行的平面有无数个，为了确定构图平面的唯一性，必须引入构图深度的概念。构图深度是指构图平面距工作坐标系原点的距离，即构图深度 Z 值。构图平面的 Z 值在状态栏设定，如图 3-6 所示。

图 3-6　构图平面 Z 值设定

构图深度设定的两种方式：

① 在状态栏中的构图深度文本框中输入高度的数值。

② 单击状态栏中的构图深度"Z"按钮，在图形中选取某一点作为当前构图深度。

构图平面与构图深度是有很大区别的。构图平面：当前要使用的绘图平面；构图深度：构图平面所在的深度。两者区别如图 3-7 所示。

构图深度通常用于举升、扫描类零件同一构图面内不同高度的草图绘制，如图 3-8 所示。

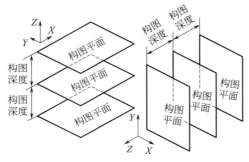

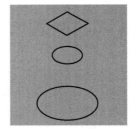

图 3-7　构图平面与构图深度　　　　图 3-8　构图深度

3.1.4　视角

视角是指观察屏幕上图形的视角位置或角度。绘出的图形位置只受构图平面和构图深度的影响，不受视角设定的影响。

视角的设置，单击选择状态栏中的 WCS 按钮，在视角子菜单选择当前观察图形的视角，分为俯视图、前视图、右视图和等视图等九种，如图 3-9 所示。等视图观察图形，如图 3-10 所示。

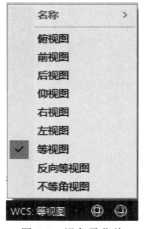

图 3-9　视角子菜单　　　　　　图 3-10　等视图

在观察图形时，有时需要对图形进行放大、缩小、颜色变换、更改显示等操作，用户通过菜单栏中的视图菜单就可以完成相应的操作。

3.1.5　线形线框

线形线框是指构建曲面的骨架和轮廓，以线段为核心的线框是三维曲面设计与造型的基础。在三维曲面类零件的造型设计中，通常先要创建曲面核心的结构性三维线框架构。

创建三维线形线框是在创建二维图形的基础上进行的，创建方法与二维图形相同。由于线形线框是在三维空间中进行创建的，需要设置构图平面和构图深度后才能完成线形线框的绘制。线形线框绘制图形，如图 3-11 所示。

【案例 3-1】 绘制图 3-12 所示线形线框图形。

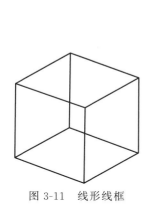

图 3-11　线形线框

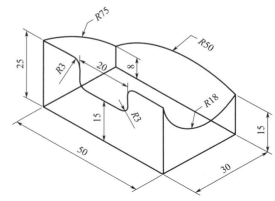

图 3-12　线形线框图形

具体操作方法和步骤如下：

① 新建一个文件，将其命名为"线框图形"。设置视角和构图面为俯视图，构图深度 Z 为 0。

② 在菜单栏依次选择"线框"—"矩形"命令。在矩形管理器中进行参数设置，勾选"矩形中心点"选项。用鼠标在绘图区单击工作坐标系的原点作为绘制矩形的基准点，绘图区会出现灰色虚线状的矩形，在矩形管理器中设置宽度 50，高度 30，矩形绘制完成，如图 3-13 所示。

③ 按 Alt＋7 切换视角为等视图，切换构图平面为前视图。在状态栏单击"Z"值，设定为 15，设置构图方式为"2D"。使用"连续线"命令绘制高度为 25、50、20、10 的直线，利用"圆角"命令绘制 $R3$ 的圆弧。绘制好的效果如图 3-14 所示。

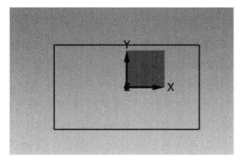

图 3-13　绘制矩形

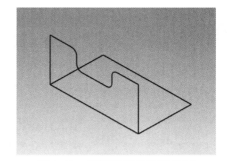

图 3-14　前视图圆角矩形绘制

④ 切换构图平面为右视图，构图深度 Z 设置为－25，构图方式设置为"2D"，利用"连续线"命令绘制长度为 8 的直线。利用"两点画弧"命令绘制 $R75$ 圆弧。

构图深度 Z 设置为 25，利用"连续线"命令绘制长度为 15 的直线。利用"两点画弧"命令绘制 $R18$ 圆弧。绘制好的效果如图 3-15 所示。

⑤ 切换构图平面为前视图。在状态栏单击构图深度"Z"，设定为－15，设置构图方式

为"2D"。使用"两点画弧"命令绘制 $R50$ 圆弧。绘制好的线框效果如图 3-16 所示。

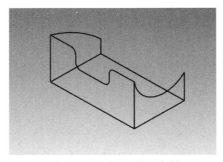

图 3-15　右视图圆弧绘制

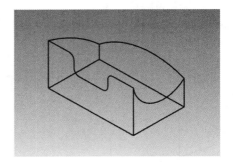

图 3-16　前视图 $R50$ 圆弧绘制

3.2　曲面的构建

曲面的构建是建立在三维立体空间基础上的，以曲面的特征分析为出发点，选择合适的曲面构建功能，通过局部到整体的全局思维构造出曲面模型。

曲面构建方法分为三种：

① 常用基本曲面的快速构建方法。

② 通过几何图形拉伸、旋转、扫描等操作构建曲面。

③ 将实体表面转化为曲面。

3.2.1　基本曲面

复杂曲面模型的构建是以最基本的几何体为基础，通过组合、叠加和切割等方式编辑构建形成。在 Mastercam 2020 软件中我们把最基本的几何体称为基本曲面体，基本曲面体分为圆柱体、立方体、圆球体、圆锥体和圆环体五种。

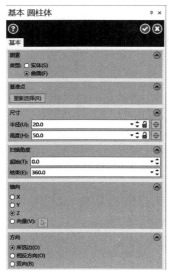

图 3-17　基本圆柱体管理器

（1）圆柱体

圆柱体命令是通过选择一个基准点，设置半径、高度和方向等参数来创建圆柱形曲面或实体。

圆柱体命令操作步骤：

① 在菜单栏依次选择"曲面"—"圆柱"命令。

② 系统在绘图区上方提示"选择圆柱体的基准点位置"，用鼠标单击选择绘图区的工作坐标系原点作为圆柱体的零点。系统会在绘图区自动生成灰色高亮显示直径可变换的圆。

③ 在基本圆柱体管理器中（图 3-17），设置"图素类型"为曲面，在"半径"文本框输入圆柱体的半径 20，"高度"文本框输入圆柱体的高度为 50，"扫描角度"选项为默认选项，"轴向"选项为"Z"，"方向"选项为"所选边"。设置完成后，按 Enter 键确认，系统会在绘图区工作坐标系原点位置处生成淡蓝色高亮显示的圆柱体。

参数含义：

◉ **实体(S)**：创建基本的实体圆柱体模型。

◉ **曲面(F)**：创建基本的曲面圆柱体模型。

重新选择(R)：单击此按钮以返回图形窗口，选择圆柱体的基准点。

半径（U）：`20.0` 文本框：设置圆柱体的半径值。

高度（H）：`50.0` 文本框：设置圆柱体的高度值。

起始（T）：`0.0` 文本框：设置圆柱体的起始角，取值范围 0°～359°。

结束（E）：`360.0` 文本框：设置圆柱体的起始角，取值范围 0°～360°。

◉ **X** 选项：沿 X 轴定位基本圆柱体的方向。

◉ **Y** 选项：沿 Y 轴定位基本圆柱体的方向。

◉ **Z** 选项：沿 Z 轴定位基本圆柱体的方向。

◉ **向量(V)** 选项：沿直线、点或自动抓点位置确定基本圆柱体的方向。

◉ **所选边(D)** 选项：沿选择的轴在选择的边上创建基本圆柱体。

◉ **相反方向(O)** 选项：沿选择的轴在相反方向上创建基本圆柱体。

◉ **双向(B)** 选项：沿选择的轴在两边方向上创建基本圆柱体。

④ 单击确定按钮 ✅，完成圆柱体的构建，如图 3-18 所示。

图 3-18　圆柱体绘制效果图

> **注意：**
> ① 圆柱曲面实际是由三个曲面围成（上表面、下底面和回转面），删除时可以单独操作。
> ② 若要观察曲面的立体形状可以按住鼠标中键进行旋转。
> ③ 用户如果需要更改圆柱曲面的颜色，按住鼠标左键框选圆柱面，单击鼠标右键在曲面着色按钮 ▦ ▾ 的下拉子菜单中选择需要的颜色进行更改。
> ④ 运用"Alt＋S"组合键可以在渲染和线框两种显示方式之间进行切换。

（2）立方体

立方体命令是通过选择一个基准点，设置长度和宽度参数，通过设置高度值可以沿向上或向下方向创建立方体曲面或实体。

立方体命令操作步骤：

① 在菜单栏中依次选择"曲面"—"立方体"命令。

② 系统在绘图区上方提示"选择立方体的基准点位置"，在基本立方体管理器中，设置原点为矩形的中心，用鼠标单击选择绘图区的工作坐标系原点作为立方体的零点。系统会在绘图区自动生成灰色高亮显示直径可变换的长方形。

③ 在基本立方体管理器中，设置"图素类型"为曲面，在"长度"文本框输入长度为35，"宽度"文本框输入宽度为30，"高度"文本框输入高度为28，"旋转角度"文本框输入角度为0，"轴向"为 Z 选项，"方向"为所选边选项，参数设置完成后，按 Enter 键确认，系统会在绘图区工作坐标系原点位置处生成淡蓝色高亮显示的立方体。

④ 单击确定按钮 ✅，完成立方体的构建。立方体线框显示方式，如图 3-19 所示。立方

体曲面显示方式，如图 3-20 所示。

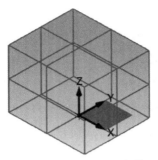

图 3-19　线框显示立方体

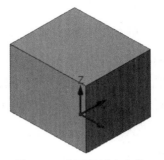

图 3-20　曲面显示立方体

（3）圆球体

球体命令是通过选择一个基准点，设置图素类型、起始角和结束角等参数，设置半径沿基准点向外创建圆球体曲面或实体。

球体命令操作步骤：

① 在菜单栏依次选择"曲面"—"球体"命令。

② 系统在绘图区上方提示"选择球形的基准点位置"，用鼠标单击选择绘图区的工作坐标系原点作为球体的零点。系统会在绘图区自动生成灰色高亮显示直径可变换的球体。

③ 在基本球体管理器中，设置"图素类型"为曲面，在"半径"文本框输入半径为30，"起始"文本框输入起始角为0，"结束"文本框输入结束角为360，"轴向"为Z选项，"方向"选项为所选边，参数设置完成后，按 Enter 键确认，如图 3-21 所示。系统会在绘图区工作坐标系原点位置处生成淡蓝色高亮显示的圆球体。

④ 单击确定按钮 ⊘，完成圆球体的构建，如图 3-22 所示。

图 3-21　圆球体参数设置

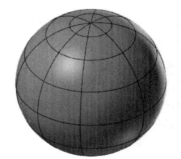

图 3-22　圆球体

（4）圆锥体

圆锥体命令是通过选择一个基准点，设置图素类型、扫描角度和高度等参数，通过设置基本半径沿基准点向外创建圆锥体底面，设置高度向上或向下创建圆锥体曲面或实体。

圆锥体命令操作步骤：

① 在菜单栏依次选择"曲面"—"圆锥体"命令。

② 系统在绘图区上方提示"选择圆锥体的基准点位置"，用鼠标单击选择绘图区的工作坐标系原点作为圆锥体的零点。系统会在绘图区自动生成灰色高亮显示直径可变换的圆锥体。

③ 在基本圆锥体管理器中，设置"图素类型"为曲面，在"基本半径"文本框输入半径为20，"高度"文本框输入高度为50，"起始"文本框输入起始角为0，"结束"文本框输入结束角为360，"轴向"为Z选项，"方向"选项为所选边，参数设置完成后，按 Enter 键确认，如图 3-23 所示。系统会在绘图区工作坐标系原点位置处生成淡蓝色高亮显示的圆锥体。

④ 单击确定按钮，完成圆锥体的构建，如图 3-24 所示。

（5）圆环体

圆环体命令是通过选择一个基准点，设置图素类型和扫描角度等参数，设置圆环大径沿基准点向外创建圆环半径，设置小径向外或向里创建圆环体圆管半径而形成曲面或实体的。

图 3-23　基本圆锥体参数设置

圆环体命令操作步骤：

① 在菜单栏依次选择"曲面"—"圆环体"命令。

② 系统在绘图区上方提示"选择圆环体的基准点位置"，用鼠标单击选择绘图区的工作坐标系原点作为圆锥体的零点，单击鼠标右键确认，系统会在绘图区自动生成灰色高亮显示半径可变换的圆环体。

③ 在基本圆环体管理器中，设置"图素类型"为曲面，在"大径"文本框输入大径为60，"小径"文本框输入小径为6，"起始"文本框输入起始角为0，"结束"文本框输入结束角为360，"轴向"为Z选项，参数设置完成后，按 Enter 键确认，如图 3-25 所示。系统会在绘图区工作坐标系原点位置处生成淡蓝色高亮显示的圆环体。

④ 单击确定按钮，完成圆环体的构建，如图 3-26 所示。

图 3-24　基本圆锥体

图 3-25　基本圆环体参数设置

图 3-26　基本圆环体

3.2.2 拉伸曲面

拉伸曲面命令是指将封闭的截面图形沿法线方向移动而形成封闭曲面。拉伸曲面包含基础曲面和顶部曲面两个封闭曲面，通常用于两侧对称零件的建模。

拉伸曲面命令操作步骤：

① 在菜单栏依次选择"曲面"—"拉伸"命令。

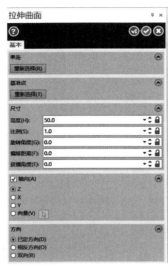

图 3-27　拉伸曲面管理器

② 系统在绘图区上方提示"选择由直线及圆弧构成的串连或封闭曲线"，在线框串连对话框中，单击"选择方式"中的"串连" ![串连] 选项，用鼠标单击选择绘图区提前绘制好的椭圆图形。系统会在绘图区生成淡蓝色高亮显示高度可变换的椭圆柱体。

③ 在拉伸曲面管理器中根据绘图要求设置参数，"高度"文本框输入椭圆的高度数值，"比例""旋转角度""偏移距离"和"拔模角度"选项为默认选项，"轴向"选项为"Z"，"方向"选项为"已定方向"，如图 3-27 所示。设置完成后，按 Enter 键确认，系统会在绘图区工作坐标系原点位置处生成淡蓝色高亮显示的拉伸曲面，如图 3-28 所示。

参数含义：

![重新选择(R)] 选项：移除之前所选择的串连图形，返回绘图区选择新的串连图形。

![重新选择(T)] 选项：返回绘图区，重新选择拉伸曲面的基准点。

高度（H）：50.0 文本框：设置拉伸曲面的高度。

比例（S）：1.0 文本框：设置拉伸曲面的比例因子，将曲面在原比例的基础上放大或缩小。

旋转角度（G）：0.0 文本框：设置圆柱体的起始角，取值范围 0°～359°。

偏移距离（F）：0.0 文本框：设置曲面偏移的距离，将曲面按照设定距离向外扩大。

拔模角度（E）：0.0 文本框：设置拉伸曲面的基础曲面和顶部曲面倾斜角度。使用拔模角度可以更改基础曲面和顶部曲面的尺寸，形状保持不变。

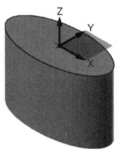

图 3-28　拉伸曲面

◉ X 选项：沿 X 轴方向拉伸曲面。

◉ Y 选项：沿 Y 轴方向拉伸曲面。

◉ Z 选项：沿 Z 轴方向拉伸曲面。

◉ 向量(V): 选项：沿直线、点或自动抓点位置确定拉伸曲面的方向。

◉ 已定方向(D) 选项：沿图形所在的绘图平面的正方向拉伸曲面。

◉ 相反方向(O) 选项：沿图形所在的绘图平面的负方向拉伸曲面。

◉ 双向(B) 选项：沿图形所在的绘图平面的正方向和负方向双向同时拉伸曲面。

注意:

① 拉伸曲面的截面图形必须是封闭的图形；

② 拉伸曲面只能选择一个封闭的图形；

③ 由于模型的坐标原点一般建立在上表面的几何中心，通常都是沿负方向拉伸。拉伸的方向分为负方向、正方向和正负双向拉伸三种形式，如图3-29～图3-31所示。

④ 运用"Alt＋S"组合键可以在渲染和线框两种显示方式之间进行切换。

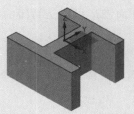
图 3-29　负方向拉伸

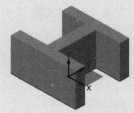
图 3-30　正方向拉伸

图 3-31　正负双向拉伸

3.2.3　旋转曲面

旋转曲面是指将选择的几何图形沿着某一轴线按照指定的角度旋转生成的曲面。旋转曲面的形状取决于几何形状本身和旋转的角度，旋转曲面通常用于回转体类曲面零件的创建。

旋转曲面命令操作步骤：

① 在菜单栏依次选择"曲面"—"旋转"命令。

② 系统在绘图区上方提示"选择轮廓曲线1"，在系统弹出的线框串连对话框中，单击"选择方式"中的"串连"　选项，用鼠标单击选择绘图区提前绘制好的图形。绘图区所选图形呈黄色虚线状高亮显示，在线框串连对话框中单击确定按钮　。

③ 系统继续在绘图区上方提示"选择旋转轴"，用鼠标单击选择绘图区提前绘制好的轴线图素，系统会在绘图区生成淡蓝色高亮显示的旋转曲面，如图3-32所示。

④ 在旋转曲面管理器中，根据绘图要求设置相关参数，"起始""结束"和"方向"等参数为系统默认。

⑤ 单击确定按钮　，完成曲面的旋转，如图3-33所示。

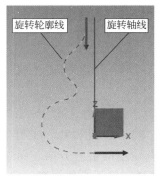
图 3-32　旋转草图

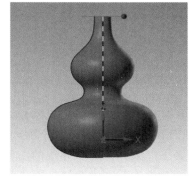
图 3-33　旋转曲面

3.2.4　扫描曲面

扫描曲面是指将选择的截面图形沿着指定的引导线移动而生成的曲面。扫描曲面中的截面图形和轨迹路径可以是一个也可以是多个。扫描曲面中的截面图形可以是封闭的，也可以是开放的，通常用于绘制管道类曲面零件。

扫描曲面分为三种方式：

① 一个截面和一个轨迹线（引导线），如图 3-34 所示，扫描曲面效果，如图 3-35 所示。

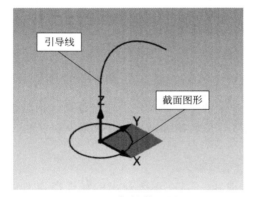

图 3-34　扫描截面图 1

图 3-35　扫描曲面 1

② 两个截面和一个轨迹线（引导线），如图 3-36，扫描曲面效果，如图 3-37 所示。

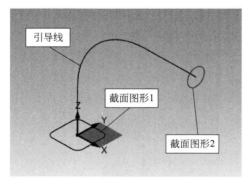

图 3-36　扫描截面图 2

图 3-37　扫描曲面 2

③ 一个截面和两个轨迹线（引导线），如图 3-38，扫描曲面效果，如图 3-39 所示。引导线串连方向必须一致，单击引导线的右侧，形成由右往左的引导方向，图 3-38 中的引导线选择要用"部分串连"方式，如果用"串连"方式选择，将不方便操作。

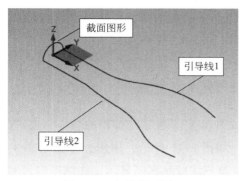

图 3-38　扫描截面图 3

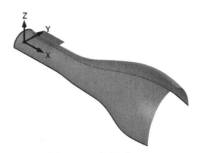

图 3-39　扫描曲面 3

扫描曲面命令操作步骤：

① 在菜单栏依次选择"曲面"—"扫描"命令。

② 系统在绘图区上方提示"扫描曲面：定义截断方向外形，选择图素开始串连"，在系统弹出的线框串连对话框中，单击"选择方式"中的"串连" 🔗 选项，用鼠标单击选择绘图区提前绘制好的图形。绘图区所选图形呈黄色虚线状高亮显示，在线框串连对话框中单击确定按钮 ⊘ 。

③ 系统继续在绘图区上方提示"扫描曲面：定义引导方向外形"，用鼠标单击选择绘图区提前已经绘制好的引导方向外形图素，单击线框串连对话框中的确定按钮 ⊘ 。系统会在绘图区生成淡蓝色高亮显示的扫描曲面。

④ 在线框串连对话框中单击确定按钮 ⊘ ，完成扫描图素的选择。

⑤ 单击确定按钮⊘，完成曲面的扫描，如图 3-40 所示。

图 3-40　扫描曲面 4

注意：
　　① 截面应垂直于引导线。
　　② 截面应与引导线相交。
　　③ 截面尽量绘制在引导线的端点处。
　　④ 引导线尽量避免尖角。
　　⑤ 引导线要避免曲面自相交。

3.2.5 直纹/举升曲面

直纹/举升曲面是指将两个或两个以上的截面图形以熔接方式产生直纹曲面或平滑曲面。

直纹/举升曲面命令操作步骤：

① 在菜单栏依次选择"曲面"—"举升"命令。

② 系统在绘图区上方提示"举升曲面：定义外形1"，在系统弹出的线框串连对话框中，单击"选择方式"中的"串连" 选项，如图3-41所示。用鼠标单击选择绘图区提前绘制好的图形1，如图3-42所示。所选图形呈黄色虚线状高亮显示。在线框串连对话框中单击确认按钮 。

③ 系统继续在绘图区上方提示"选择图素以开始新串连（2）"，用鼠标单击选择绘图区提前绘制好的图形2，如图3-42所示。所选图形呈黄色虚线状高亮显示。

④ 系统继续在绘图区上方提示"选择图素以开始新串连（3）"，用鼠标单击选择绘图区提前已经绘制好的图形3，如图3-42所示。所选图形呈黄色虚线状高亮显示。

图3-41 线框串连对话框

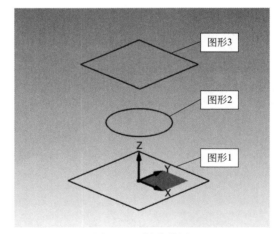

图3-42 举升草图

⑤ 在举升曲面管理器中，"曲面类型"分为直纹和举升两种，用户根据需求进行设置，设置完成后，单击确定按钮 ，完成直纹曲面或举升曲面的绘制，直纹曲面如图3-43所示，举升曲面如图3-44所示。

⑥ 举升草图绘制说明：利用前一章我们学习过的矩形和圆命令绘制草图。图形1正方形的边长为30，构图面的高度为0，图形2圆的半径为10，构图面的高度为20，图形3正方形的边长为25，构图面的高度为40。

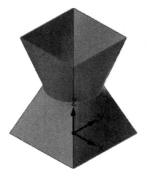

图 3-43 直纹曲面

图 3-44 举升曲面

注意:

① 草图必须封闭。

② 草图之间需要有高度差。

③ 草图串连方向必须一致。

④ 草图节点必须对应。

⑤ 草图线段必须相等。

⑥ 两个以上截面, 必须按顺序串连。

3.2.6 拔模曲面

拔模曲面是指将选择的截面图形按照拔模方向和拔模角度以及曲面端点位置生成带角度的曲面模型, 拔模曲面又称为牵引曲面, 在管理器中显示为"牵引曲面"。

拔模曲面命令操作步骤:

① 在菜单栏依次选择"曲面"—"拔模"命令。

② 系统在绘图区上方提示"选择直线、圆弧或样条曲线", 在系统弹出的线框串连对话框中, 单击"选择方式"中的"串连" 🔗 选项, 用鼠标单击选择绘图区提前绘制的直径为 30mm 的圆。绘图区所选图形呈黄色虚线状高亮显示, 在线框串连对话框中单击确定按钮 ✅ 。

③ 在牵引曲面管理器中进行参数设置, 在"长度"文本输入拔模长度为 20, "角度"文本输入拔模角度为-20, "方向"为相反方向, 其他选项默认。单击确认并创建新操作按钮 ✅ , 如图 3-45 所示。

④ 系统会在绘图区上方提示"选择直线、圆弧或样条曲线", 在系统弹出的线框串连对话框中, 单击"选择方式"中的"串连" 🔗 选项, 用鼠标单击选择绘图区提前绘制的直径为 30mm 的圆。绘图区所选图形呈黄色虚线状高亮显示, 在线框串连对话框中单击确定按钮 ✅ 。

⑤ 在牵引曲面管理器中进行参数设置, 在"角度"文本输入拔模角度为 45, 其他选项默认。单击确定按钮 ✅ , 完成拔模曲面的创建, 如图 3-46 所示。

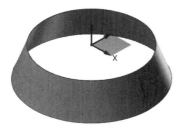

图 3-45　拔模角度为负值　　　　　　　图 3-46　拔模角度为正值和负值

3.2.7　网格曲面

网格曲面是指由一系列横向和纵向曲线相互熔接组成的网格状曲面。横向和纵向的曲线数量通常不少于两个。同时不要求横向和纵向曲线空间相交或端点相交。

网格曲面命令操作步骤：

① 在菜单栏依次选择"曲面"—"网格"命令。

② 系统在绘图区上方提示"选择串连1"，在系统弹出的线框串连对话框中，单击"选择方式"中的"串连"　<kbd>🔗</kbd>　选项，用鼠标单击依次选择绘图区提前绘制好的四段空间圆弧。绘图区所选图形呈黄色虚线状高亮显示，如图 3-47 所示。在线框串连对话框中单击确定按钮　<kbd>✓</kbd>　。

③ 在网格曲面管理器中，单击确定按钮<kbd>✓</kbd>，完成网格曲面的创建，如图 3-48 所示。

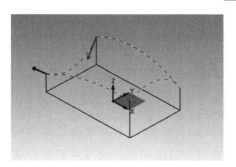

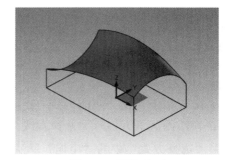

图 3-47　选择串连图形　　　　　　　图 3-48　网格曲面

> **注意：** 网格曲面命令也可以绘制两个截断方向图形和两个定义切削方向的图形。图 3-49 所示为网格曲面的三维线框图，图 3-50 所示为网格曲面。

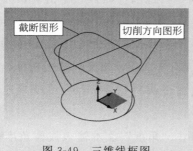

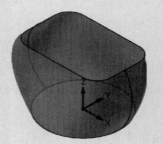

图 3-49　三维线框图　　　　　　　图 3-50　网格曲面

3.2.8　围篱曲面

围篱曲面是指利用线段、曲线或圆弧等在已知曲面上产生垂直于曲面或是与曲面成一定扭曲角度的曲面。围篱曲面是在网格曲面的基础上建立的。

围篱曲面命令操作步骤：

① 在菜单栏依次选择"曲面"—"围篱"命令。

② 系统在绘图区上方提示"选择曲面"，用鼠标单击选择绘图区提前绘制好的曲面。

③ 系统在绘图区上方提示"选择串连 1"，在系统弹出的线框串连对话框中，单击"选择方式"中的"串连" 🔗 选项，用鼠标单击选择绘图区提前绘制好的样条曲线。绘图区所选曲线呈黄色虚线状高亮显示，如图 3-51 所示。在线框串连对话框中单击确定按钮 ✅ 。

④ 在"围篱曲面"管理器中，单击确定按钮 ✅ ，完成围篱曲面的创建，如图 3-52 所示。

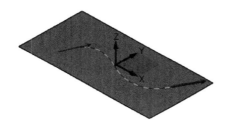 

图 3-51　围篱曲面草图选择　　　　图 3-52　围篱曲面构建

3.2.9　由实体生成曲面

由实体生成曲面是指将构建的实体模型表面或体转换成曲面的方式。

由实体生成曲面命令操作步骤：

① 在菜单栏依次选择"曲面"—"由实体生成曲面"命令。

② 系统在绘图区上方提示"选择实体面"，用鼠标框选绘图区提前绘制好的实体面，如图 3-53 所示。单击绘图区上方的结束选择按钮 ✅ 结束选择 。

③ 在由实体生成曲面管理器中，单击确定按钮 ✅ ，完成由实体生成曲面的创建，如图 3-54 所示。

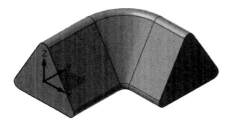 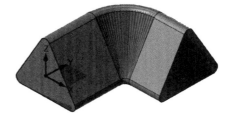

图 3-53　实体面　　　　图 3-54　由实体生成曲面

【案例 3-2】

本节介绍了 Mastercam 2020 曲面的构建方法，利用本节所学内容绘制如图 3-55 所示的三维线框图形，综合运用曲面功能构建图 3-56 所示的三维曲面模型。

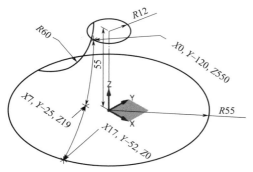

图 3-55 三维线框图形

图 3-56 三维曲面模型

操作步骤：

（1）构建三维线框

① 绘制 $R55$ 圆。设置绘图工作环境，视角为等视图，构图面为俯视图，构图深度 Z 为 0。选用"已知点画圆"命令，以工作坐标系原点为圆的零点，绘制半径为 55 的圆。

② 绘制 $R12$ 圆。设置绘图工作环境，视角为等视图，构图面为俯视图，构图深度 Z 为 55。选用"已知点画圆"命令，以工作坐标系原点为圆的零点，绘制半径为 12 的圆，如图 3-57 所示。

③ 绘制 $R60$ 圆弧。设置绘图工作环境，视角为等视图，构图面为前视图，构图深度 Z 为 0，绘图平面为 2D。选用"两点画弧"命令，通过选择过滤器中的"四等分点"功能，捕捉圆弧的起点和终点，绘制半径为 60 的圆弧，如图 3-58 所示。

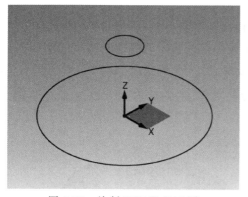

图 3-57 绘制 $R55$ 和 $R12$ 圆

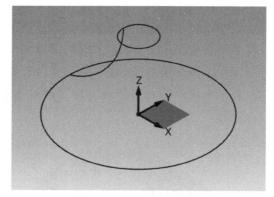

图 3-58 绘制 $R60$ 圆弧

④ 绘制指定点。设置绘图工作环境，视角为等视图，构图面为俯视图，构图深度 Z 为 0，绘图平面为 3D。选用"绘点"命令，将键盘上输入法转换为英文输入法，用键盘输入（0，12，55），按回车键完成，分别以同样的方法完成（7，−25，19）和（17，−52，0）

两个点的绘制，如图 3-59 所示。

⑤ 通过指定点绘制样条曲线。保持上一步的绘图工作环境不变，选用"手动画曲线"命令，依次选择第四步所绘制的三个点，如图 3-60 所示。

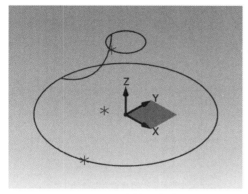

图 3-59　绘制三个点

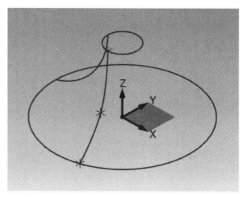

图 3-60　手动绘制样条曲线

⑥ 绘制旋转中心线。设置绘图工作环境，视角为等视图，构图面为前视图，构图深度 Z 为 0，绘图平面为 2D。选用"连续线"命令，捕捉 $R55$ 圆的圆心点为起点，$R12$ 圆的圆心点为终点，绘制长度为 55 的中心线，单击鼠标左键选择中心线，单击鼠标右键，在弹出的对话框中设置线型为点画线，如图 3-61 所示。

（2）构建曲面

① 旋转曲面的绘制。选用曲面"旋转"命令，以 $R60$ 圆弧为旋转轮廓线，以长度为 55 的中心线为旋转轴线，构建旋转曲面，如图 3-62 所示。

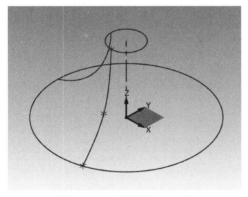

图 3-61　绘制旋转中心线

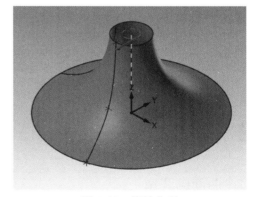

图 3-62　旋转曲面

② 围篱曲面的绘制。选用曲面"围篱"命令，选择已经绘制好的旋转曲面为围篱曲面的参考面，以绘制好的样条曲线为围篱串连图素，转换串连方向为由下向上，如图 3-63 所示。在围篱曲面管理器中进行参数设置，熔接方式为"立体混合"，方向为"法向"，高度参数"起始"文本框为 6，"结束"文本框为 20，角度参数"起始"文本框为 5，"终止"文本框为 −35，如图 3-64 所示。围篱曲面绘制完成，如图 3-65 所示。

（3）曲面转换

选用转换菜单里的"旋转"命令，完成 12 个曲面的旋转复制。以绘制好的围篱曲面为旋转的目标体，以中心线为旋转轴线。设置参数编号（旋转数量）为 12，角度为 27.69231，如图 3-66 所示。

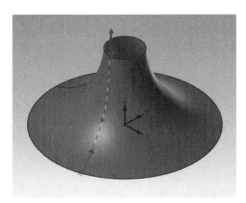

图 3-63　围篱曲面图素串连

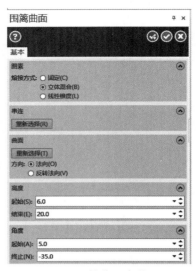

图 3-64　围篱曲面参数设置

图 3-65　围篱曲面

图 3-66　围篱曲面的旋转复制

3.3　曲面的编辑

3.3.1　曲面倒圆角

曲面倒圆角是指在两组相交的曲面之间形成光滑平顺的圆角曲面。倒圆角半径值不能超过两曲面的容纳范围，否则会倒角不成功。

曲面倒圆角命令分为曲面与曲面倒圆角、曲线与曲面倒圆角、曲面与平面倒圆角三种方式，曲面倒圆角命令的选择如图 3-67 所示。

（1）圆角到曲面

圆角到曲面命令也称为曲面与曲面倒圆角，它是指在两个曲面之间进行圆角过渡处理。

圆角到曲面命令操作步骤：

① 在菜单栏依次选择"曲面"—"圆角到曲面"命令。

图 3-67　曲面倒圆角命令的选择

② 系统提示"选取第一个曲面"，用户可以选择一个或多个倒圆角的曲面，单击结束选择按钮 **结束选择** 完成曲面的选择。

③ 系统提示"选取第二个曲面"，用户可以选择一个或多个要倒圆角的曲面，单击结束选择按钮 **结束选择** 完成曲面的选择。

④ 在曲面与曲面倒圆角管理器中设定相关参数，如图 3-68 所示。在半径文本框中输入半径为 3，单击"法向修改"按钮，在绘图区单击鼠标左键修改倒圆角的方向为竖直向上，如图 3-69 所示。

图 3-68　曲面与曲面倒圆角管理器

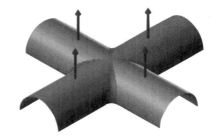

图 3-69　倒圆角方向的修改

⑤ 单击确定按钮 ，完成曲面与曲面的倒圆角。曲面倒圆角前，如图 3-70 所示。曲面倒圆角后，如图 3-71 所示。

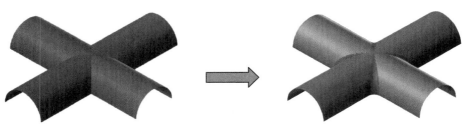

图 3-70　曲面与曲面倒圆角前　　　　　　　　图 3-71　曲面与曲面倒圆角后

（2）圆角到曲线

圆角到曲线命令也称为曲线与曲面倒圆角，它是指在曲线与曲面之间进行圆角处理。

圆角到曲线命令操作步骤：

① 在菜单栏依次选择"曲面"—"圆角到曲线"命令。

② 系统提示"选取曲面"，选择完成后，单击结束选择按钮 ⊘ 结束选择 。

③ 系统提示"选取一条线或多条曲线"，在系统弹出的线框串连对话框中选择串连方式 🔗 ，单击"结束选择"按钮完成曲线的选择。

④ 系统提示"单击以将圆角置于曲线内部或外部"，用鼠标移动绘图区绿色的箭头指向有曲线的方向，并单击鼠标左键确认，如图3-72所示。

⑤ 在曲线与曲面倒圆角管理器中设定相关参数，在半径文本框中输入半径为8，其余参数选择系统默认。单击确定键 ⊘ ，完成曲线与曲面的倒圆角，如图3-73所示。

图 3-72　圆角的方向的选择

图 3-73　曲线与曲面倒圆角

注意：圆角半径要与曲线和曲面的大小匹配，圆角半径过大或过小都会出现圆角变形扭曲的情况。圆角半径过小，如图3-74所示。圆角半径过大，如图3-75所示。

图 3-74　圆角半径过小

图 3-75　圆角半径过大

（3）平面与曲面倒圆角

圆角到平面命令也称为平面与曲面倒圆角，它是指在平面与曲面之间进行圆角处理。

圆角到平面命令操作步骤：

① 在菜单栏依次选择"曲面"—"圆角到平面"命令。

② 系统提示"选取曲面"，单击结束选择按钮 ⊘ 结束选择 完成选择。

③ 定义一个参考平面，系统弹出的选择平面对话框如图3-76所示，单击选择视图按钮

，选择俯视图，如图 3-77 所示，单击确定键 完成平面的选择。

④ 在平面与曲面倒圆角管理器中设定相关参数。在半径文本框中输入半径为 10，其余参数选择系统默认。单击确定键 ，完成平面与曲面的倒圆角，如图 3-78 所示。

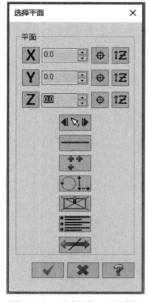

图 3-76　选择平面对话框

图 3-77　选择俯视图平面

图 3-78　平面与曲面倒圆角

3.3.2　曲面补正

曲面补正是指将曲面沿指定方向移动一段指定的距离。曲面补正通常用于对曲面偏移，也叫偏置曲面。

曲面补正命令操作步骤：

① 在菜单栏依次选择"曲面"—"曲面补正"命令。

② 选择要补正的曲面。

③ 在曲面补正管理器中设定相关参数。

④ 曲面补正完成。曲面补正原始图形，如图 3-79 所示。曲面补正后图形，如图 3-80 所示。

图 3-79　曲面补正原始图形

图 3-80　曲面补正后图形

3.3.3 修剪曲面

对已构建曲面沿选定的边界进行修剪或延伸得到新的曲面称为修剪曲面。用于修剪曲面的图素可以是曲线、曲面或者平面。

（1）修剪到曲面

将曲面修剪或延伸至另一个曲面的边界。修剪到曲面实际上是将两个曲面在交线处剪开，保留指定部分，删除其余部分。

修剪到曲面命令操作步骤：

① 在菜单栏依次选择"曲面"—"修剪到曲面"命令。

② 选择修剪的第一个曲面。

③ 选择修剪的第二个曲面。

④ 在修剪到曲面管理器中设定相关参数，如图 3-81 所示。

⑤ 选择曲面修剪需要保留的曲面部分，如图 3-82 所示。

图 3-81　修剪到曲面管理器

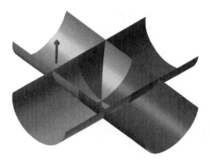

图 3-82　选择修剪保留部分的曲面

⑥ 曲面修剪完成。曲面修剪前，如图 3-83 所示。曲面修剪后，如图 3-84 所示。

图 3-83　修剪到曲面原始图形

图 3-84　修剪到曲面完成后图形

注意：修剪到曲面案例中的图形是相贯体，每次修剪一个角，需要修剪四次才能完成。

（2）修剪到曲线

将指定的曲面沿选定的封闭曲线边界进行修剪。修剪时的边界为指定曲线在选定曲面上的投影曲线，修剪并保留选定区域。

修剪到曲线命令操作步骤：

① 在菜单栏依次选择"曲面"—"修剪到曲线"命令。

② 选择曲面。

③ 选择一条或多条曲线。

④ 在修剪到曲线管理器中设定相关参数。

⑤ 选择曲线修剪需要保留的曲面部分。

⑥ 修剪到曲线保留曲线区域外的完成效果如图 3-85 所示，修剪到曲线保留曲线区域内的完成效果如图 3-86 所示。

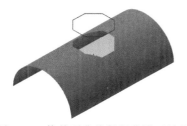

图 3-85　修剪到曲线保留曲线区域外

图 3-86　修剪到曲线保留曲线区域内

（3）修剪到平面

修剪到平面是指利用指定平面将曲面分为两部分，保留指定部分，删除其余部分。

修剪到平面命令操作步骤：

① 在菜单栏依次选择"曲面"—"修剪到曲面"命令。

② 选择曲面。

③ 选择平面，在选择平面对话框中，单击选择图素按钮 ⊙⌷ ，选择绘图区创建好的倾斜平面。

④ 在修剪到平面管理器中设定相关参数，如图 3-87 所示。

⑤ 平面修剪保留的曲面部分，如图 3-88 所示。

图 3-87　修剪到平面管理器

图 3-88　平面修剪保留的曲面部分

⑥ 删除修剪平面，平面修剪完成。修剪前原始图形，如图 3-89 所示。修剪后图形，如图 3-90 所示。

图 3-89　修剪到平面原始图形　　　　　图 3-90　修剪到平面完成图形

（4）恢复修剪

运用前面三种方法对曲面进行修剪后，如果需要将曲面恢复到修剪之前的状态，可以运用恢复曲面修剪命令。恢复修剪功能类似于菜单栏上方的撤销功能按钮↶，通常在操作有误需要修改图素时使用。

恢复修剪命令操作步骤：

① 在菜单栏依次选择"曲面"—"恢复修剪"命令。

② 选择曲面。

③ 确认完成。

3.3.4　曲面延伸

曲面延伸命令可以将曲面延长指定长度，或者延长到指定曲面。

曲面延伸命令操作步骤：

① 在菜单栏依次选择"曲面"—"延伸"命令。

② 选择曲面。

③ 选择延伸的边缘

④ 设置延伸距离。

⑤ 确认完成曲面延伸。曲面延伸原始图形，如图 3-91 所示。曲面延伸完成图形，如图 3-92 所示。

图 3-91　曲面延伸原始图形　　　　　图 3-92　曲面延伸完成图形

注意：曲面延伸的类型分为线性和到非线两种，线性延伸效果如图 3-93 所示，到非线延伸效果如图 3-94 所示。

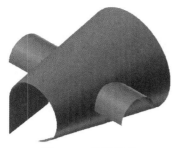

图 3-93　线性延伸　　　　　　　　图 3-94　到非线延伸

3.3.5　平面修剪

平面修剪命令是在初始平面的基础上，通过选取任意封闭形状轮廓来定义一个平面的修正边界并由此构建一个平面边界的修剪平面。

平面修剪命令操作步骤：

① 在菜单栏依次选择"曲面"—"平面修剪"命令。

② 选择图素，可以选择一个或多个图素。

③ 确认完成平面修剪。平面修剪前原始图形，如图 3-95 所示。平面修剪后完成图形，如图 3-96 所示。

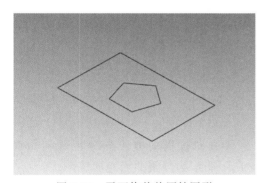

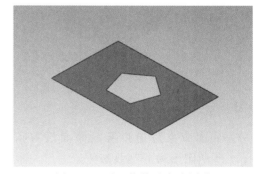

图 3-95　平面修剪前原始图形　　　　　　图 3-96　平面修剪后完成图形

3.3.6　填补内孔

填补内孔是指对修剪曲面中指定的内孔或外孔边界进行重新填充恢复至修剪曲面前的状态。填补内孔功能的操作对象可以是曲面或实体。

填补内孔修剪命令操作步骤：

① 在菜单栏依次选择"曲面"—"填补内孔"命令。

② 选择曲面或实体。

③ 选择填补内孔的边界。

④ 确认完成填补内孔。图 3-97 所示图形为填补内孔原始图形，图 3-98 所示图形为填补内孔完成图形。

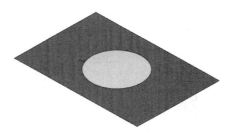 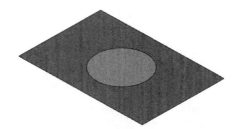

图 3-97　填补内孔原始图形　　　　　图 3-98　填补内孔完成图形

3.3.7　恢复到修剪边界

　　恢复到修剪边界命令是指移除曲面的指定修剪边界，将曲面恢复至未修剪的效果。图 3-99 所示图形为恢复到修剪边界原始图形，图 3-100 所示图形为恢复到修剪边界完成图形。

图 3-99　恢复到修剪边界原始图形　　　图 3-100　恢复到修剪边界完成图形

3.3.8　分割曲面

　　分割曲面命令是指将所选曲面沿着指定的流线方向按横向或纵向分割成两个曲面。图 3-101 所示图形为分割曲面原始图形，图 3-102 所示图形为分割曲面完成图形。

图 3-101　分割曲面原始图形　　　　图 3-102　分割曲面完成图形

3.3.9　两曲面熔接

　　在两个曲面之间创建一个新曲面，并将它们彼此圆滑地连接起来。

　　两曲面熔接命令操作步骤：

① 在菜单栏依次选择"曲面"—"两曲面熔接"命令。

② 选择第一个曲面，并移动箭头方向至熔接的边界线上，按回车键确认。

③ 选择第二个曲面，并移动箭头方向至熔接的边界线上，按回车键确认。

④ 在两曲面熔接管理器中，分别设置曲面 1 和曲面 2 的"方向"选项，用户切换"方向"选项使两曲面熔接达到期望的效果，如图 3-103 所示。如果两曲面熔接的方向选择相反，将会出现图 3-104 所示的效果。

⑤ 确认完成两曲面熔接。图 3-105 所示图形为两曲面熔接原始图形，图 3-106 所示图形为两曲面熔接完成图形。

注意：两曲面熔接的参数设置要合理，"终止幅值"通常为默认值，数值过大，会出现熔接面凸起，如图 3-107 所示。"扭曲"选项打开后，熔接效果如图 3-108 所示，如果不是我们期望的效果，再单击"扭曲"选项切换即可。

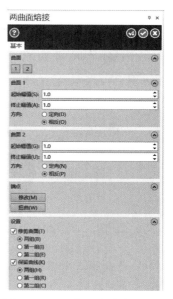

图 3-103　两曲面熔接参数设置

图 3-104　两曲面熔接方向
选择相反

图 3-105　两曲面熔接
原始图形

图 3-106　两曲面熔接
完成图形

图 3-107　"终止幅值"设置值过大

图 3-108　"扭曲"选项打开后的效果

3.3.10　三曲面熔接

在三个曲面之间创建一个新曲面将它们彼此光滑地连接起来。

三曲面熔接命令操作步骤：

① 在菜单栏依次选择"曲面"—"三曲面熔接"命令。

② 选择第一个熔接曲面，滑动箭头并在曲线上熔接相切的位置单击鼠标左键，如图 3-109 所示，按键盘上的 F 键翻转样条曲线的方向，熔接曲线选择正确，如图 3-110 所示。没有按 F 键切换方向，熔接曲线选择错误，如图 3-111 所示。选择完成后按 Enter 键。

图 3-109　熔接曲线位置的选择

图 3-110　熔接曲线选择正确

③ 选择第二个熔接曲面，滑动箭头并在曲线上熔接相切的位置单击鼠标左键，按键盘上的 F 键翻转样条曲线的方向，选择完成后按 Enter 键。

④ 三曲面熔接参数设置，参数选择系统默认，如图 3-112 所示。

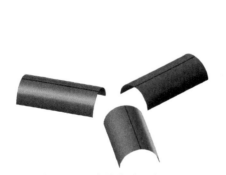

图 3-111　熔接曲线选择错误

图 3-112　三曲面熔接参数设置

⑤ 单击确定键 ⊘ 完成三曲面熔接。图 3-113 所示图形为三曲面熔接原始图形，图 3-114 所示图形为三曲面熔接完成图形。

图 3-113　三曲面熔接原始图形

图 3-114　三曲面熔接完成图形

3.3.11　三圆角面熔接

在三个圆角曲面交接处熔接创建一个顺滑的熔接曲面。

三圆角面熔接命令操作步骤：

① 在菜单栏依次选择"曲面"—"三圆角面熔接"命令。

② 选择第一个圆角曲面。

③ 选择第一个熔接曲面。

④ 选择第二个熔接曲面。

⑤ 确认完成三圆角面熔接，图 3-115 所示图形为三圆角面熔接原始图形。图 3-116 所示图形为三圆角面熔接完成图形。

图 3-115　三圆角面熔接原始图形　　　　图 3-116　三圆角面熔接完成图形

【案例 3-3】

本章介绍了 Mastercam 2020 曲面的构建和编辑方法，利用本章节所学内容绘制如图 3-117 所示的餐具叉子的三维线框模型，再使用举升曲面、扫描曲面、曲面熔接等功能构建图 3-118 所示的叉子曲面三维模型。

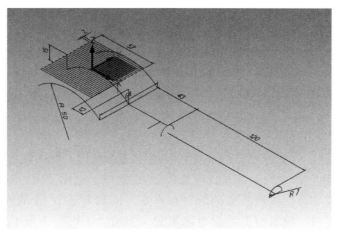

图 3-117　叉子三维线框设计草图

叉子曲面构建操作步骤：

（1）构建三维线框

① 绘制矩形。设置绘图工作环境，视角为等视图，构图面为俯视图，构图深度 Z 为 0，选用"矩形"命令，以工作坐标系原点为矩形的零点，绘制长度为 57，宽度为 2 的矩形，如图 3-119 所示。

图 3-118　叉子三维曲面设计效果图

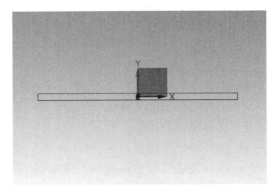

图 3-119　绘制矩形

② 阵列矩形。设置绘图工作环境，视角为等视图，构图面为俯视图，构图深度 Z 为 0。选用"直角阵列"命令，以工作坐标系原点为矩形阵列的原点，绘制出间距为 2mm，均等的 14 个矩形，矩形阵列参数设置，如图 3-120 所示。矩形阵列完成效果，如图 3-121 所示。

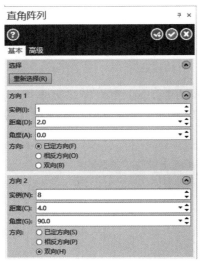

图 3-120　矩形阵列参数设置

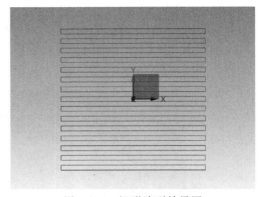

图 3-121　矩形阵列效果图

③ 绘制 $R50$ 圆弧。设置绘图工作环境，构图面为前视图，构图深度 Z 为 0，绘图平面为 2D。利用"连续线"命令绘制两条长度为 15 的辅助线。选用"两点画弧"命令，利用鼠标在两条直线的终点处分别捕捉圆弧的起点和终点，绘制半径为 50 的圆弧，如图 3-122 所示。切换视角为等视图，构图面保持前视图不变，利用"平移"命令平移 $R50$ 圆弧，间距为 32，如图 3-123 所示。

④ 绘制 $R7$ 圆弧。设置绘图工作环境，按 Alt+5 键切换为右视图视角，构图面为右视图，构图深度 Z 为 102，绘图平面为 2D。利用"连续线"命令绘制长度为 22 的垂直线作为辅助线。选用"已知点画圆"命令，以垂直线的终点为圆的圆心点，绘制半径为 7 的圆。绘制一条过圆心点的水平线作为辅助线，且长度大于圆的直径，如图 3-124 所示。利用"分割"命令修剪圆，保留圆的上半部分，如图 3-125 所示。

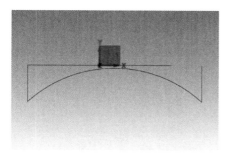

图 3-122　绘制 $R50$ 圆弧

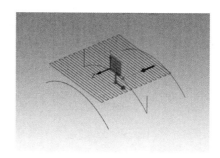

图 3-123　平移 $R50$ 圆弧

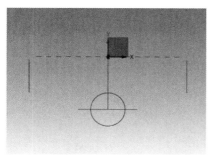

图 3-124　辅助线和 $R7$ 圆的绘制

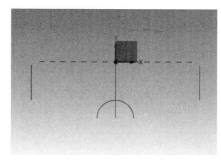

图 3-125　修剪 $R7$ 圆

⑤ $R7$ 圆弧的平移。保持上一步的绘图工作环境不变，选用"平移"命令，选择 $R7$ 圆弧，设置平移距离为 120，如图 3-126 所示。切换绘图平面为 3D，利用"连续线"命令绘制直线，两个 $R7$ 圆弧的圆心点为直线的起点和终点，如图 3-127 所示。

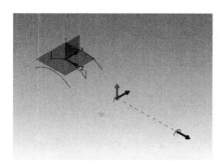

图 3-126　平移 $R7$ 圆弧

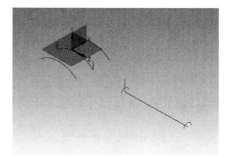

图 3-127　绘制直线

⑥ 删除叉子三维线框多余的辅助线。选用"删除图素"命令，删除三维线框中多余的辅助线，如图 3-128 所示。

（2）构建曲面

① 举升曲面的绘制。选用曲面"举升"命令，分别选择 $R50$ 的两个圆弧作为举升曲面的截面外形，如图 3-129 所示，构建举升曲面完成，如图 3-130 所示。

② 扫描曲面的绘制。选用曲面"扫描"命令，选择 $R7$ 圆弧作为扫描曲面的截面外形，如图 3-131 所示。选择长度为 120 的直线作为扫描曲面的引导线。扫描曲面绘制完成，如图 3-132 所示。

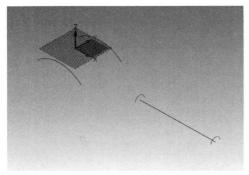

图 3-128　删除三维线框中多余的辅助线

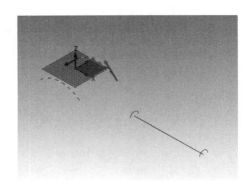

图 3-129　举升截面外形选择

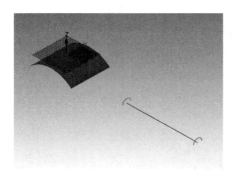

图 3-130　举升曲面

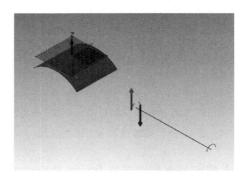

图 3-131　扫描曲面截面外形选择

③ 旋转曲面的绘制。选用曲面"旋转"命令，选择 $R7$ 圆弧作为旋转曲面的截面外形，如图 3-133 所示。给 $R7$ 圆弧绘制一条直径，作为旋转曲面的轴线，设置旋转起始角度为 0，结束角度为 90，方向为"方向 2"。旋转曲面完成效果，如图 3-134 所示。

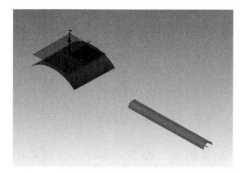

图 3-132　扫描曲面

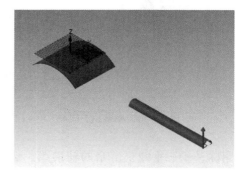

图 3-133　旋转曲面截面外形选择

（3）曲面编辑

① 曲面修剪。选用曲面"修剪到曲线"命令，选择举升曲面作为修剪曲面，使用"框选"方式选取 14 个矩形，单击矩形任意一个基点作为草图的起点，在曲面保留的区域单击确认，曲面修剪效果如图 3-135 所示。利用"删除图素"命令删除矩形草图，如图 3-136 所示。

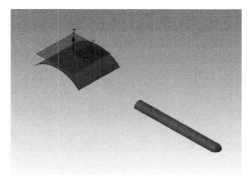

图 3-134　旋转曲面

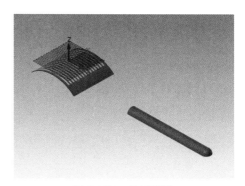

图 3-135　曲面修剪

② 曲面熔接。选用曲面"两曲面熔接"命令，选取举升曲面作为熔接曲面 1，选取扫描曲面作为熔接曲面 2，曲面熔接效果，如图 3-137 所示。

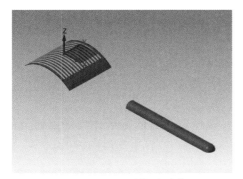

图 3-136　矩形草图删除

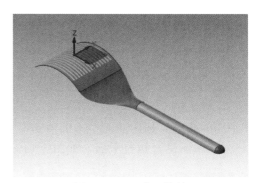

图 3-137　两曲面熔接

③ 在视图菜单中通过"显示指针"命令设置坐标为不显示，选取修剪曲面、熔接曲面和扫描曲面，按 Alt＋E 键，隐藏草图，只显示曲面图素，如图 3-118 所示。

【案例 3-4】

绘制如图 3-138 所示的儿童玩具风车风轮的三维线框图，利用围篱曲面、旋转等功能构建图 3-139 所示的风车风轮曲面三维模型。

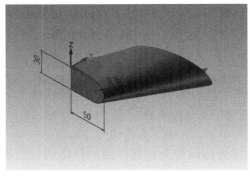

图 3-138　风轮三维设计线框图

图 3-139　风轮三维设计曲面图

风轮曲面构建操作步骤：

（1）构建三维线框

① 绘制矩形。设置绘图工作环境，视角为等视图，构图面为前视图，构图深度 Z 为 0，选用"矩形"命令，以工作坐标系原点为矩形的对角起始点，绘制长度为 50，宽度为 35 的矩形，如图 3-140 所示。

② 矩形倒圆角。保持上一步绘图工作环境不变，选用"图素倒圆角"命令，倒角半径为 15，矩形倒角完成效果，如图 3-141 所示。

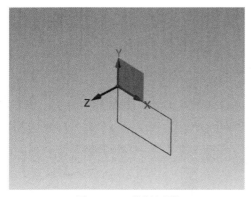

图 3-140　绘制矩形

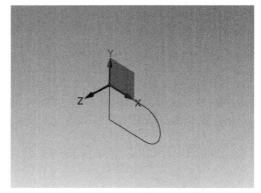

图 3-141　矩形倒圆角

（2）构建曲面

① 平面的修剪。选用曲面"平面修剪"命令，选择倒角后的矩形作为平面修剪的定义边界如图 3-142 所示，构建平面，如图 3-143 所示。

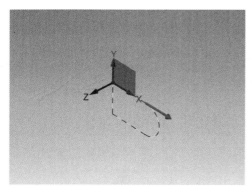

图 3-142　平面修剪截面图形选择

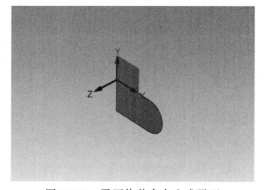

图 3-143　平面修剪命令生成平面

② 围篱曲面的绘制。选用曲面"围篱"命令，选择平面修剪后生成的平面作为围篱曲面的参考曲面。选择围篱曲面的串连边界图形，设置围篱曲面参数，如图 3-144 所示。围篱曲面效果，如图 3-145 所示。

（3）曲面转换

① 曲面旋转。选用"旋转"命令，选择围篱曲面作为旋转曲面的目标体，设置曲面旋转参数，编号（数量）为 5，角度为 72，如图 3-146 所示。

② 在视图菜单中通过"显示指针"命令设置坐标为不显示，选取修剪曲面、熔接曲面和扫描曲面，按 Alt＋E 键，隐藏草图，只显示曲面图素，如图 3-147 所示。

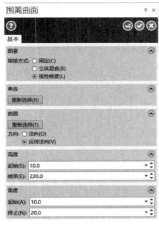

图 3-144 围篱曲面参数设置

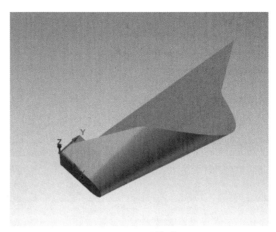

图 3-145 围篱曲面

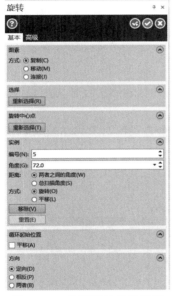

图 3-146 曲面旋转参数设置

图 3-147 曲面旋转效果图

【案例 3-5】

绘制如图 3-148 所示标志的三维线框图，利用旋转曲面和网格曲面等功能构建图 3-149 所示的标志曲面三维模型。

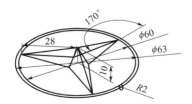

图 3-148 标志三维设计线框图

图 3-149 标志三维设计曲面图

标志曲面构建操作步骤：

（1）构建三维线框

① 绘制 φ60 和 φ63 圆。设置绘图工作环境，视角为俯视图，构图面为俯视图，构图深度 Z 为 0，选用"已知点画圆"命令，以工作坐标系原点为圆心点，分别绘制 φ60 和 φ63 圆，如图 3-150 所示。

② 绘制直线。保持上一步绘图工作环境不变，选用"连续线命令"命令，过圆心点绘制长度为 30 的直线。绘制角度线，角度为 260°，长度为 35，如图 3-151 所示。

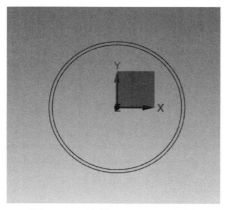

图 3-150　绘制 φ60 和 φ63 的圆

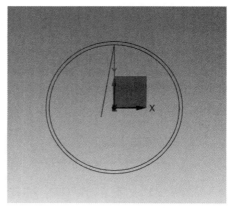

图 3-151　绘制直线

③ 镜像角度线。选用转换菜单中的"镜像"命令，镜像对象为角度线，镜像轴为 Y 轴，如图 3-152 所示。

④ 旋转角度线。选用转换菜单中的"旋转"命令，旋转角度为 60°，旋转数量为 3，如图 3-153 所示。

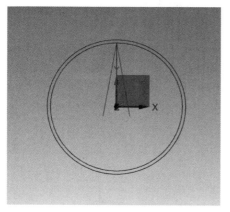

图 3-152　镜像角度线

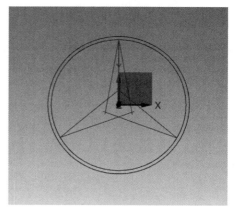

图 3-153　旋转角度线

⑤ 修剪图形。选用线框菜单中的"分割"命令，依次修剪多余的线段，如图 3-154 所示。

⑥ 绘制轴线。设置视角为等视图，构图面为前视图，构图深度 Z 为 0，选用"连续线"命令，以工作坐标系原点为圆心点，绘制长度为 10 的垂直线，如图 3-155 所示。

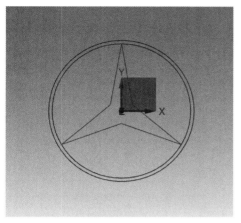

图 3-154　修剪图形

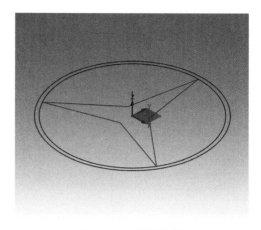

图 3-155　绘制轴线

⑦ 绘制 $R1.5$ 圆。选用线框菜单中的"已知点画圆"命令，使用选择过滤器，捕捉选择 $\phi63$ 的象限点为圆心绘制 $R1.5$ 圆，如图 3-156 所示。

⑧ 绘制连接线。设置视角为等视图，构图面为俯视图，构图深度 Z 为 0，绘图平面为 3D。选用"连续线"命令，以长度为 10 的直线的顶点为端点，依次连接每个角度的端点，如图 3-157 所示。

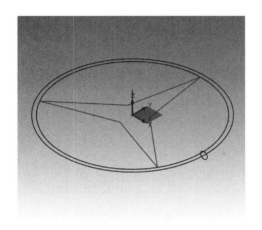

图 3-156　绘制 $R1.5$ 圆

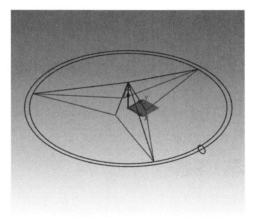

图 3-157　绘制连接线

（2）构建曲面

① 创建网格曲面。保持绘图工作环境设置不变，选用曲面"网格曲面"命令，按照串连箭头方向依次选择单个网格曲面的三条边，如图 3-158 所示。按照同样的方法完成其余 5 个网格曲面的创建，如图 3-159 所示。

② 创建旋转曲面。选用曲面"旋转"命令，以 $R1.5$ 圆为旋转截面图形，以长度为 10 的垂直线为旋转轴。旋转曲面完成，如图 3-160 所示。

③ 在视图菜单中通过"显示指针"命令设置坐标为不显示，选取修剪曲面、熔接曲面和扫描曲面，按 Alt＋E 键，隐藏草图，只显示曲面图素，如图 3-149 所示。

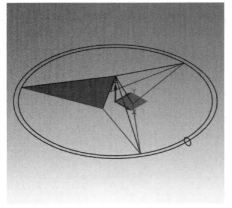

图 3-158　创建网格曲面

图 3-159　网格曲面完成效果

图 3-160　创建旋转曲面

 习题

根据本章节所学内容绘制以下图形。

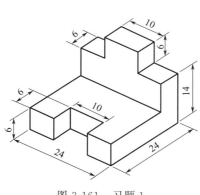

图 3-161　习题 1

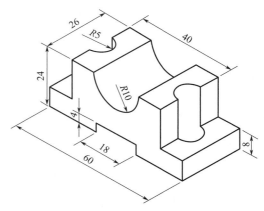

图 3-162　习题 2

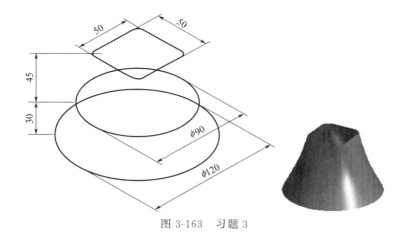

图 3-163　习题 3

图 3-164　习题 4

注：过渡圆角分别为 $R5$、$R3$。

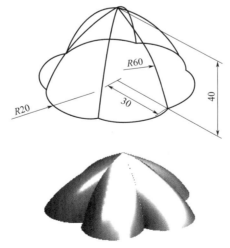

图 3-165　习题 5

第**4**章

三维实体造型的设计 与编辑

4.1 基本实体

基本实体是指具有规则形状的常用实体，如圆柱、立方体、球体等。系统提供了 5 种基本实体的设计功能。单击菜单栏"实体"命令，在"基本实体"区域选择相对应的实体造型，基本实体菜单栏如图 4-1 所示。

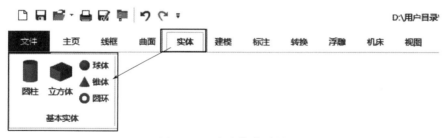

图 4-1 基本实体菜单栏

其中各命令功能如下：

① 圆柱命令：选择一个基准点，向外拖动设置半径，然后向上或者向下可拖动设置高度来创建圆柱形实体。圆柱体的创建及参数设置如图 4-2 所示。

② 立方体命令：选择一个基准点，向外拖动设置长度和宽度，然后向上或者向下拖动设置高度来创建立方体实体。立方体的创建及参数设置如图 4-3 所示。

③ 球体命令：选择一个基准点，向外拖动设置半径来创建一个球形实体。球体的创建及参数设置如图 4-4 所示。

④ 锥体命令：选择一个基准点，向外拖动设置半径，然后向上或者向下拖动设置高度来创建一个锥体实体。圆锥体的创建及参数设置如图 4-5 所示。

⑤ 圆环命令：选择一个基准点，设置圆环中心圆半径及圆半径。圆环体的创建及参数设置如图 4-6 所示。

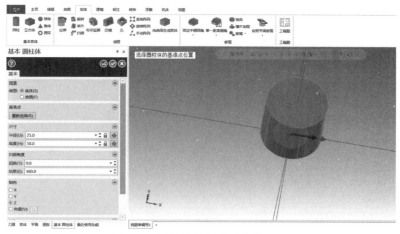

图 4-2 圆柱体的创建及参数设置

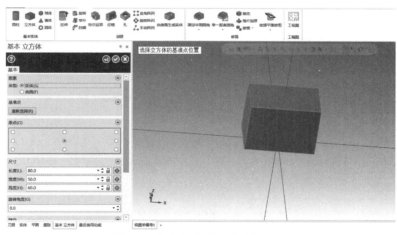

图 4-3 立方体的创建及参数设置

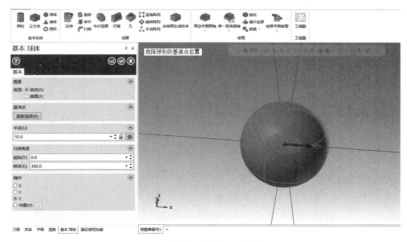

图 4-4 球体的创建及参数设置

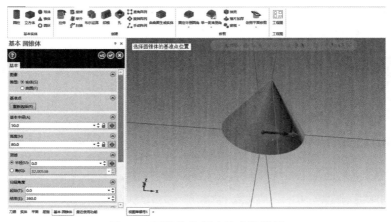

图 4-5　圆锥体的创建及参数设置

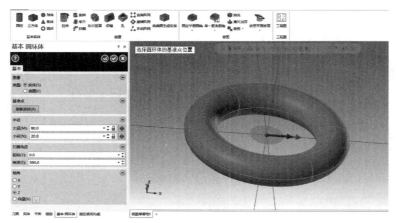

图 4-6　圆环体的创建及参数设置

4.2　曲线创建基本实体

4.2.1　拉伸

拉伸📌是用串连平面曲线来创建新的实体主体，切割主体，添加凸台主体。

在菜单工具栏选择"实体"命令中的"拉伸"命令，弹出如图 4-7 所示的线框串连对话框，选择串连方式，拾取图 4-8 中的圆角正六边形曲线，单击确定按钮 ✅，弹出实体拉伸对话框，如图 4-9 所示。设置相应的参数，单击确定按钮即可实现实体的拉伸创建。

① 名称（N）：输入实体操作的名称。

② 创建主体（E）：创建一个或更多新实体

③ 切割主体（U）：在现有的实体中切割去移除材料。

④ 添加凸台（S）：在现有的实体中添加材料。

⑤ 目标（T）：显示实体操作的目标主体名称（比如切割、凸台和布尔结合），点击该字

段在图像窗口高亮显示主体。

⑥ 创建单一操作（O）：使用切割主体和添加凸台选项时，将多个选择的串连体合并为单一操作。

⑦ 自动确定操作类型（A）：基于选择的图形自动选择创建主体操作、添加凸台操作或切割主体操作。

⑧ 串连（C）：从实体操作中选择串连，串连列表将会在图形窗口中高亮显示。

a. 全部反向 ↔：翻转全部拉伸串连的方向。

b. 添加串连 ⬁：从实体操作中打开串连对话框，选择更多图形。

c. 全部重建 ⬁：移除所有先前选择的串连，并返回到图形窗口选择新串连。

⑨ 距离（D）：输入拉伸距离，点击标尺可以控制推拉，或者点击"自动抓点"按钮指定拉伸距离。

⑩ 全部贯通（R）：使切割完全贯通到选择的目标主体。拉伸距离必须使所拉伸的图形与目标主体相交。

⑪ 两端同时延伸（B）：在拉伸曲线的方向和相反方向延伸。

⑫ 修剪到指定面（F）：修剪拉伸凸台或切割的选择的目标实体面，为防止凸台或切割贯通到目标主体的内部，Mastercam会自动修剪拉伸凸台到相交的面。拉伸距离必须足够大才可以达到所选的面。

图 4-7　线框串连对话框

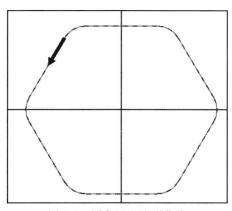

图 4-8　圆角正六边形曲线

4.2.2　旋转

旋转 ⬛ 是指围绕轴旋转草图截面，创建旋转特征。

在菜单工具栏选择"实体"命令中的"旋转"命令，弹出如图 4-7 所示的线框串连对话框，选择串连方式，拾取图 4-10 中的圆角矩形曲线，单击确定按钮 ☑，弹出旋转实体对话框，如图 4-11 所示。设置相应的参数，单击确定按钮即可实现实体的旋转创建。

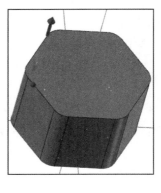

图 4-9　实体拉伸对话框

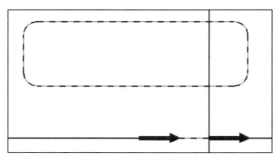

图 4-10　圆角矩形曲线

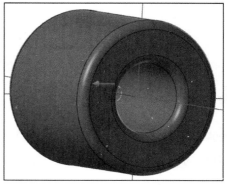

图 4-11　旋转实体对话框

① 名称（N）：输入实体操作的名称。

② 创建主体（E）：创建一个或更多新实体。

③ 切割主体（U）：在现有的实体中切割去移除材料。

④ 添加凸缘（S）：在现有的实体中添加材料。

⑤ 目标（T）：显示实体操作的目标主体名称（比如切割、凸台和布尔结合），点击该字段在图像窗口高亮显示主体。

⑥ 创建单一操作（O）：使用切割主体或添加凸缘选项时，将多个选择的串连体合并为单一操作。

⑦ 串连（C）：从实体操作中选择串连，串连列表将会在图形窗口中高亮显示。

a. 全部反向 ↔ ：翻转全部拉伸串连的方向。

b. 添加串连 ✎ ：从实体操作中打开串连对话框，选择更多图形。

c. 全部重建 ✐ ：移除所有先前选择的串连，并返回到图形窗口选择新串连。

⑧ 旋转轴（X）：显示选择的旋转轴名称。

⑨ 起始（S）：旋转的起始角度，从选择串连定义的平面判断角度，沿正角计算选择方向或沿选择方向的相反方向计算负角。

⑩ 结束（E）：旋转的结束角度，从所选串连定义的平面判断角度。沿旋转方向计算正角，沿旋转方向的相反方向计算负角。

4.2.3 举升

举升 🔧 是使用封闭串连来创建一个新主体，切割主体，或添加凸台主体，由第一个串连和最后一个串连来限制创建实体主体。

在菜单工具栏选择"实体"命令中的"举升"命令，弹出如图 4-7 所示线框串连对话框，选择串连方式，拾取图 4-12 中的草图曲线，单击确定按钮 ✓ ，弹出举升对话框，如图 4-13 所示。设置相应的参数，单击确定即可实现实体的举升创建。

① 名称（N）：输入实体操作的名称。

② 创建主体（E）：创建一个或更多新实体。

③ 切割主体（U）：在现有的实体中切割去移除材料。

④ 添加凸缘（S）：在现有的实体中添加材料。

⑤ 目标（T）：显示实体操作的目标主体名称

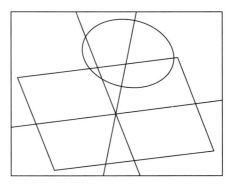

图 4-12　草图曲线 1

（比如切割、凸台和布尔结合），点击该字段在图像窗口高亮显示主体。

⑥ 创建直纹实体（R）：选择使用直纹方式来创建举升实体、切割主体或添加凸缘。在直纹熔接中 Mastercam 会从串连一条曲线过渡到串连另一条曲线，这样会产生线性截面，使其完全平滑熔接，才会产生平滑截面。

⑦ 串连（C）：在实体操作中点击串连列表将会在图形窗口中高亮显示。

a. 添加串连 ✎ ：从实体操作中打开串连对话框，选择更多图形。

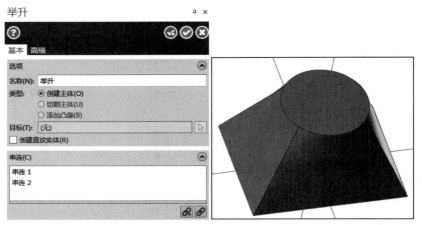

图 4-13　举升对话框

b. 全部重建 🔗：移除所有先前选择的串连，并返回到图形窗口选择新串连。

4.2.4　扫描

扫描 🐾 是指沿着导动线扫描草图截面，创建扫描特征。

在菜单工具栏选择"实体"命令中的"扫描"命令，弹出如图 4-7 所示的线框串连对话框，选择串连方式，拾取图 4-14 中的草图曲线，单击确定按钮 ✅ ，继续弹出如图 4-7 所示的线框串连对话框，选择串连方式，拾取图 4-15 中的草图曲线（扫描线），单击确定按钮 ✅ ，弹出扫描对话框，如图 4-16 所示。设置相应的参数，单击确定按钮即可实现实体的扫描创建。

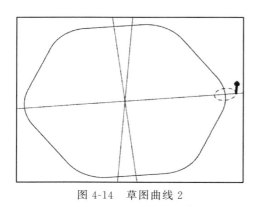

图 4-14　草图曲线 2　　　　　　　　　　图 4-15　草图曲线 3

4.2.5　布尔运算

布尔运算 🧊 是建立主体由两个或多个实体组合，添加、删除并找到共同重叠区域的实体。图 4-17 所示是两个独立的物体，通过布尔运算后可以形成不同的结果。

在菜单工具栏选择"实体"命令中的"布尔运算"命令，弹出如图 4-18 所示的布尔运算对话框。

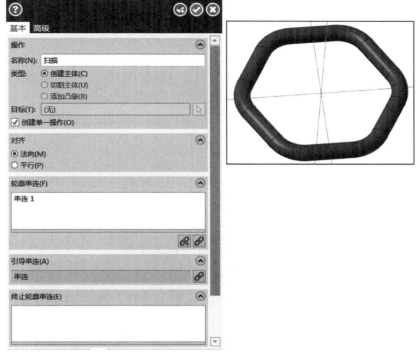

图 4-16　扫描对话框

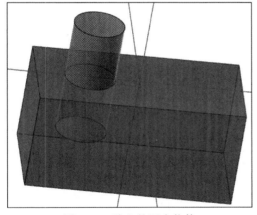

图 4-17　独立的两个物体

图 4-18　布尔运算对话框

（1）各参数含义

① 名称（N）：输入实体操作的名称。

② 结合（A）：创建一个或更多新实体。

③ 切割（R）：在现有的实体中切割去移除材料。

④ 交集（C）：在现有的实体中添加材料。

⑤ 目标（T）：显示实体操作的目标主体名称（比如切割、凸台和布尔结合），点击该字段在图像窗口高亮显示主体。

⑥ 工具主体（B）：显示已添加到工具主体的实体，或从目标实体中移除重叠的实体。点击列表中的工作主体可以在图形窗口中高亮显示该主体。布尔运算至少需要一个工具主体。

a. 添加选择：返回到图形窗口选择其他图形或取消之前选择的图形。

b. 全部重新选择：移除之前选择的全部项目，并返回图形窗口重新选择实体图形操作。

⑦ 非关联实体（O）：执行移除或交集操作时，保留原始目标和工作实体不修改。

（2）具体操作

① 如图 4-19 所示，在布尔运算对话框"类型"中选择"结合"命令，创建如图 4-20 所示两物体集合后的实体。

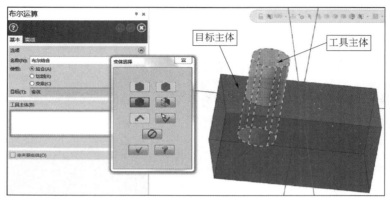

图 4-19　布尔运算对话框

② 布尔运算切割后的实体如图 4-21 所示。

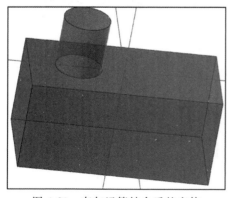

图 4-20　布尔运算结合后的实体

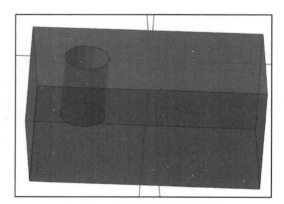

图 4-21　布尔运算切割后的实体

③ 布尔运算交集后的实体如图 4-22 所示。

4.2.6　印模

印模 是选择封闭主体，创建一个反向印模。

绘制如图 4-23 所示零件模型，在菜单工具栏选择"实体"命令中的"印模"命令，弹出如图 4-24 所示的印模-线框串连对话框，选择要串连的图素。弹出如图 4-25 所示的实体选择对话框，选择实体主体，单击确定按钮，得到如图 4-26 所示的印模后的零件。

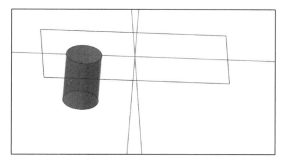

图 4-22　布尔运算交集后的实体

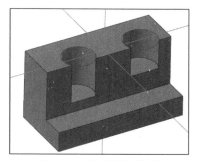

图 4-23　印模零件模型

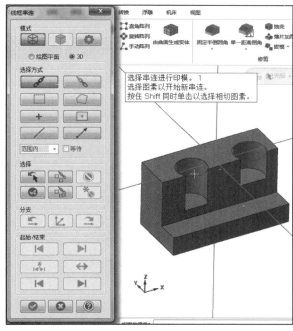

图 4-24　印模-线框串连对话框

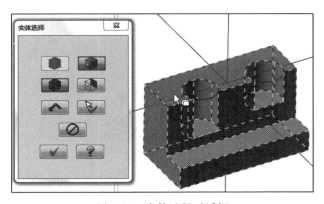

图 4-25　实体选择对话框

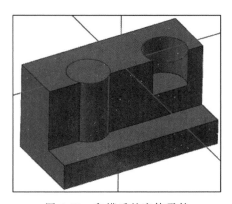

图 4-26　印模后的实体零件

4.2.7 孔

孔 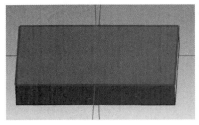 是自动将圆柱形打入实体。

图 4-27 孔零件模型图

绘制如图 4-27 所示零件模型，在菜单工具栏选择"实体"命令中的"孔"命令，弹出如图 4-28 所示的孔命令对话框，各参数含义如下：

① 名称（N）：显示实体操作的名称。

② 目标（T）：显示正在修改的目标主体名称。

③ 平面方位（O）：显示孔将被放置的当前平面或向量位置。

绘图平面 🔲：将平面方位设置为当前选择的绘图平面。

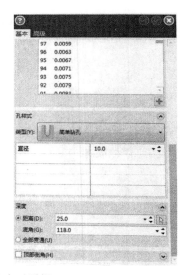

图 4-28 "孔"命令对话框 1

选择面 ：返回到图形窗口中，选择要将孔与之对齐的实体面。

平面管理器 ：显示平面选择对话框以选择要将孔与之对齐的平面。

指针 ：打开"新平面"功能面板，显示指针以创建要将孔与之对齐的新平面。

选择向量 ：返回到图形窗口中，选择一条线、边或两点以指定孔方向。

④ 位置（S）：显示当前安放的孔位置。位置指示孔的顶部。

添加位置 ：返回到图形窗口中，通过选择点或圆来添加新的孔位置。

添加自动抓点位置 ⊕：当没有点或圆图素存在时，返回到图形窗口中，使用自动抓点功能创建新的孔位置。

全部移除 ✕：移除所有选定的孔位置。

⑤ 模板下拉菜单如图 4-29 所示。

两者（B）：同时显示英制和公制预设。

英制（I）：仅显示英制预设

公制（M）：仅显示公制预设

⑥ 深度可选项如图 4-30 所示。

距离（D）：设置所创建孔的深度。

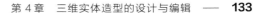

底角（L）：设置孔底角。

图 4-29　模板下拉菜单

全部贯通（R）：延伸孔完全贯通选择的目标主体。

⑦ 孔样式：根据当前选择的"类型"显示"直径"等孔信息。

⑧ 类型（Y）：设置要创建的孔类型。

⑨ 顶部倒角（H）：在孔的顶部创建倒角。

在实体上创建孔，填写孔的各项参数，如图 4-30 所示，选择孔的位置为（0，0），得到如图 4-31 所示的零件实体，完成孔的创建。

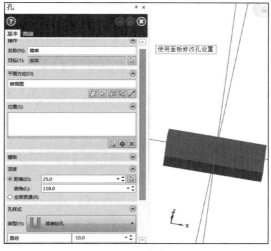

图 4-30　"孔"命令对话框 2

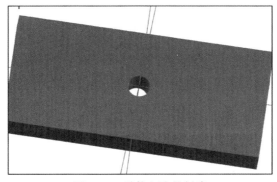

图 4-31　零件上孔的创建

4.2.8　直角阵列

直角阵列是指创建阵列实体主体或切割主体及特征，指定次数、距离、角度和方向。创建如图 4-32 所示实体零件图，选择"实体"—"直角阵列"命令，弹出如图 4-33 所示实体选择对话框，选择阵列实体，单击确定按钮，弹出如图 4-34 所示直角坐标阵列对话框，各参数如下。

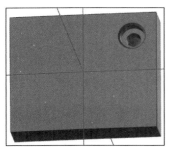

图 4-32　实体零件

① 名称（N）：输入实体操作名称。

② 主体凸台（Y）：将工件材料添加到目标主体来创建模型。

③ 切割实体主体（U）：从目标主体中移除工件材料来创建阵列。

④ 目标（T）：显示实体操作的目标主体名称（比如切割、凸台和布尔结合），点击该字段在图形窗口高亮显示主体。

⑤ 选择（O）：列出当前定义的实体操作图素，点击列表中的操作图素，使其在图形窗口高亮显示。

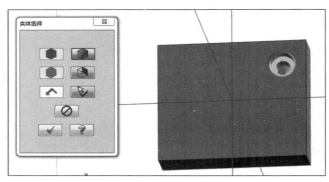

图 4-33　选择阵列实体

a. 添加选择 ：返回到图形窗口选择其他图形或取消之前选择的图形。

b. 全部重新选择 ：移除之前选择的全部项目，并返回图形窗口重新选择实体图形。

⑥ 结果（R）：列出原始特征的全部副本。从列表中选择特征并按删除键，它将会从操作中移除，或者单击移除选择特征。

a. 移除选择特征 ：在图形窗口中选择一个或多个特征和原副本进行移除。

b. 恢复全部阵列 ：将全部阵列恢复到原始操作。

⑦ 阵列次数（I）：输入从原始特征创建副本的次数。

⑧ 距离（D）：定义两个原副本之间的阵列距离。

⑨ 角度（A）：定义副本的向量方向。除非针对方向 2 选择了相对的方向 1，否则所有向量都基于 0°。输入值在 $-360°$ 和 $+360°$ 之间。

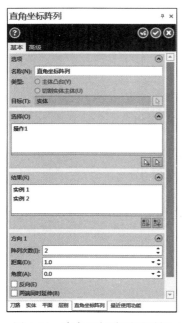

图 4-34　直角坐标阵列对话框

⑩ 反向：选择当前状态的相反方向。

⑪ 两端同时拉伸：在曲线的拉伸方向和相反方向同时拉伸。

⑫ 方向 2 和方向 1 的参数相同。

通过设置如图 4-35 所示的参数，单击确认按钮，得到直角阵列零件图。

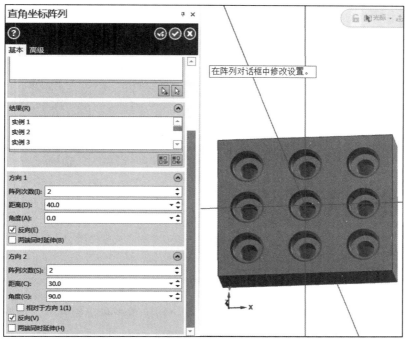

图 4-35　直角坐标阵列参数设置

4.2.9　旋转阵列

旋转阵列 <!-- icon --> 是指对拾取的图素，以某基点为圆心进行阵列复制。

具体参数参考 4.2.8 小节直角阵列命令中的参数。

创建如图 4-36 所示实体零件图，选择"实体"—"旋转阵列"命令，弹出如图 4-37 所示实体选择对话框，旋转要阵列的图素，单击确定按钮，弹出如图 4-38 所示参数对话框，设置相应的参数。

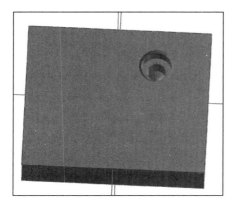

图 4-36　实体零件图

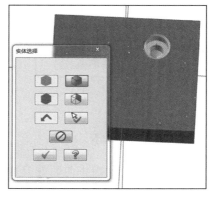

图 4-37　实体选择对话框 1

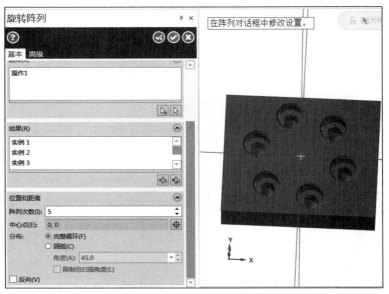

图 4-38　旋转阵列参数对话框及阵列后的零件图

4.2.10　手动阵列

手动阵列 ⚐ 是指旋转该模型的基准点和位置，创建实体和特征副本，如主体或切割。

具体参数参考 4.2.8 小节直角阵列命令中的参数。

创建如图 4-39 所示实体零件图，选择 "实体" — "手动阵列" 命令，弹出如图 4-40 所示实体选择对话框，旋转要阵列的图素，单击确定按钮，弹出如图 4-41 所示参数对话框，设置相应的参数。

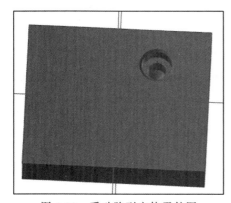

图 4-39　手动阵列实体零件图

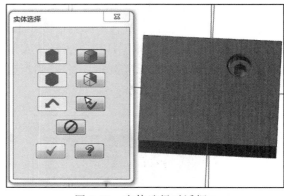

图 4-40　实体选择对话框 2

4.2.11　由曲面生成实体

由曲面生成实体 📦 是指将曲面缝合为实体主体，基于曲面边界之间的间隙，使用公差值来创建一个完整的实体或薄片主体。

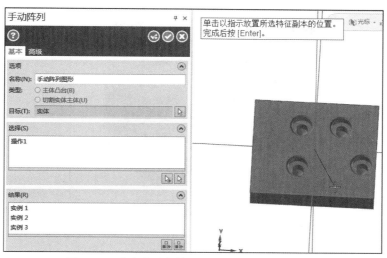

图 4-41　手动阵列参数对话框及阵列后的零件图

　　创建如图 4-42 所示曲面实体零件，选择"实体"—"由曲面生成实体"命令，选择曲面缝合实体如图 4-43 所示，单击"结束选择"，弹出如图 4-44 所示参数对话框，设置相应的参数，得到如图 4-45 所示零件图。

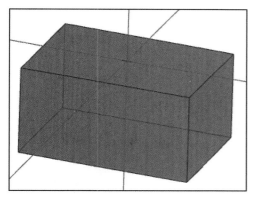

图 4-42　曲面实体零件

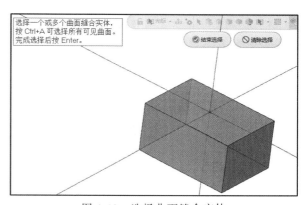

图 4-43　选择曲面缝合实体

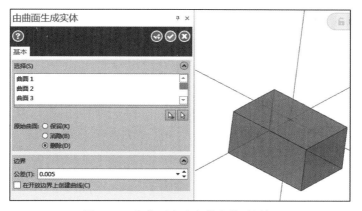

图 4-44　由曲面生成实体参数对话框

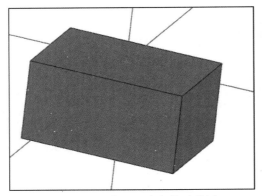

图 4-45　由曲面生成实体零件图

4.3　实体修剪

4.3.1　固定半倒圆角

固定半倒圆角 ![]是指在整个实体的边界、实体面上产生固定半径的圆角。

创建如图 4-46 所示实体零件，选择"实体"—"固定半倒圆角"命令，选择要倒圆角的单个或多个图数。如图 4-47 所示，单击确定按钮，弹出如图 4-48 所示参数设置对话框，设置相应参数。

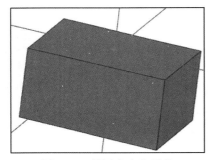

图 4-46　倒圆角实体零件

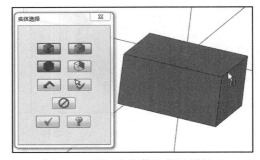

图 4-47　倒圆角实体选择对话框 1

4.3.2　面与面倒圆角

面与面倒圆角 ![]是指在相邻两个面之间产生圆角。

创建如图 4-49 所示实体零件，选择"实体"—"面与面倒圆角"命令，选择执行面与面倒圆角的第一个面和第二个面。如图 4-50 所示，单击确定按钮，弹出如图 4-51 所示参数设置对话框，设置相应参数。

4.3.3　变半径倒圆角

变半径倒圆角 ![]是指沿边界、面或主体选择一个不同的点创建不同的半径。

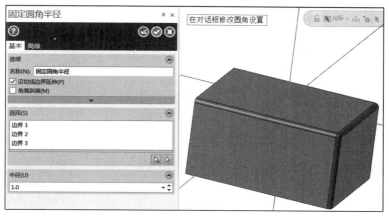

图 4-48　固定圆角半径参数设置对话框

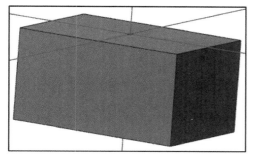

图 4-49　面与面倒圆角实体零件

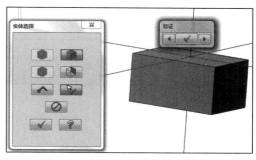

图 4-50　倒圆角实体选择对话框 2

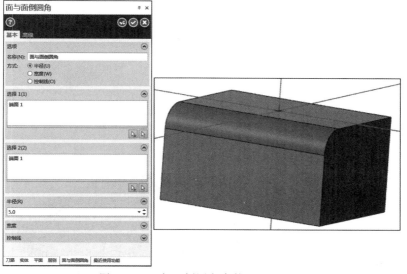

图 4-51　面与面倒圆角参数设置对话框

　　创建如图 4-52 所示实体零件，选择"实体"—"变化倒圆角"命令，选择要倒圆角的单个或多个图素。如图 4-53 所示，单击确定按钮，弹出如图 4-54 所示参数设置对话框，设置相应参数。选择"顶点—中点"命令，选择倒圆角线后输入变化的倒圆角数值，单击 Enter 键，得到如图 4-55 所示的变化倒圆角零件图。

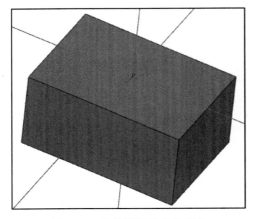

图 4-52　变化倒圆角实体零件

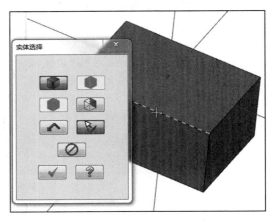

图 4-53　倒圆角实体选择对话框 3

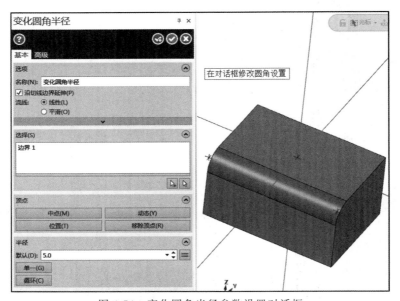

图 4-54　变化圆角半径参数设置对话框

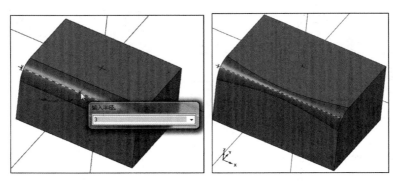

图 4-55　变化倒圆角零件图

4.3.4　单一距离倒角

单一距离倒角![icon]是指创建倒角边界，从选择的边界沿与两端面相同的距离倒角。

创建如图 4-56 所示实体零件，选择"实体"—"单一距离倒角"命令，选择一个或多个要倒角的图素。如图 4-57 所示，单击确定按钮，弹出如图 4-58 所示参数设置对话框，设置相应参数。

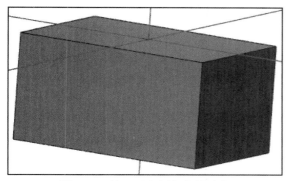

图 4-56　单一距离倒角实体零件

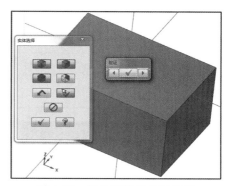

图 4-57　倒角实体选择对话框

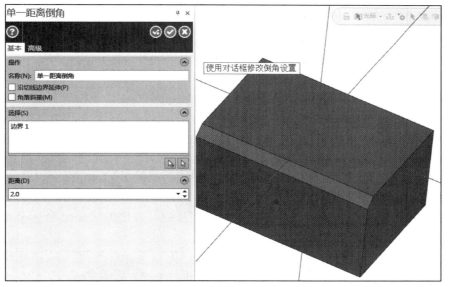

图 4-58　单一距离倒角参数设置对话框

4.3.5　不同距离倒角

不同距离倒角![icon]是指由两个指定的距离和参考面创建倒角边界。

创建如图 4-59 所示实体零件，选择"实体"—"不同距离与角度倒角"命令，选择一个或多个要倒角的图素。如图 4-60 所示，单击确定按钮，弹出如图 4-61 所示参数设置对话框，设置相应参数。

图 4-59　不同距离倒角实体零件

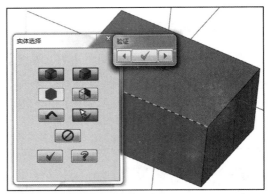

图 4-60　不同距离倒角实体选择对话框

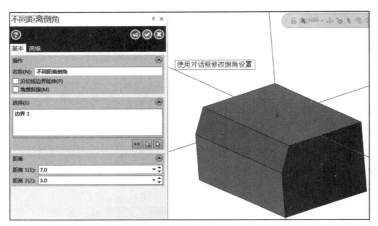

图 4-61　不同距离倒角参数设置对话框

4.3.6　距离与角度倒角

距离与角度倒角 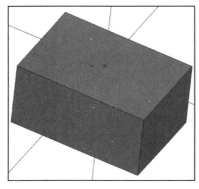 是指由距离、角度和参考面创建倒角边界。

创建如图 4-62 所示实体零件，选择"实体"—"不同距离与角度倒角"命令，选择一个或多个要倒角的图素。如图 4-63 所示，单击确定按钮，弹出如图 4-64 所示参数设置对话框，设置相应参数。

图 4-62　距离与角度倒角实体零件

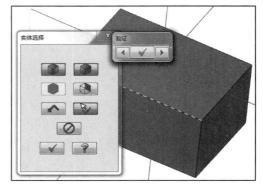

图 4-63　距离与角度倒角实体选择对话框

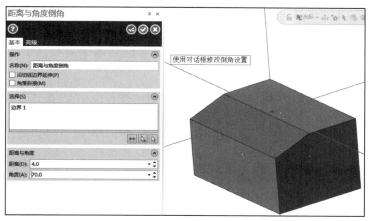

图 4-64　距离与角度倒角参数设置对话框

4.3.7　抽壳

抽壳 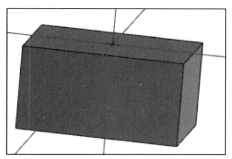 是指由移除材料来抽空实体主体并可以选择开放面，剩余的实体面厚度按指定的数量。

创建如图 4-65 所示实体零件，选择"实体"—"抽壳"命令，选择实体主体，一个或多个处于打开状态的面。如图 4-66 所示，单击确定按钮，弹出如图 4-67 所示参数设置对话框，设置相应参数。

图 4-65　抽壳实体零件

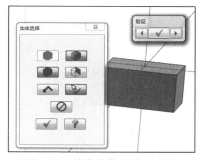

图 4-66　抽壳实体选择对话框

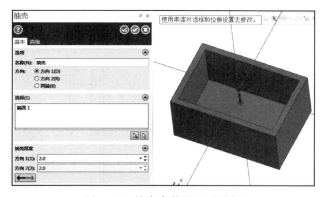

图 4-67　抽壳参数设置对话框

4.3.8 依照实体面拔模

依照实体面拔模 ，拔模是一种运算程序，它可以使指定面与指定的拔模方向成一定角度。

创建如图 4-68 所示实体零件，选择"实体"—"拔模"—"依照实体面拔模"命令，选择要拔模的面。如图 4-69 所示，单击确定按钮，选择平面端面已指定拔模平面，弹出如图 4-70 所示参数设置对话框，设置相应参数。

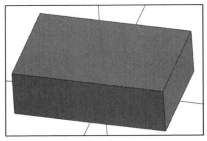

图 4-68 拔模实体零件

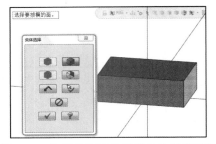

图 4-69 依照实体面拔模实体选择对话框

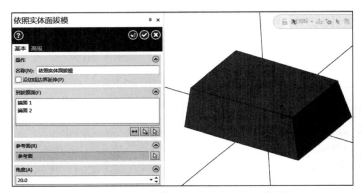

图 4-70 依照实体面拔模参数设置对话框

习题

根据图形尺寸完成零件的实体建模。

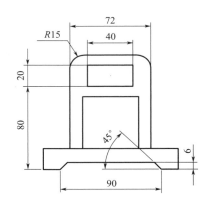

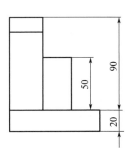

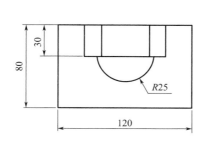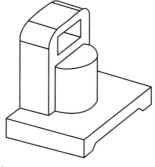

图 4-71　习题 1

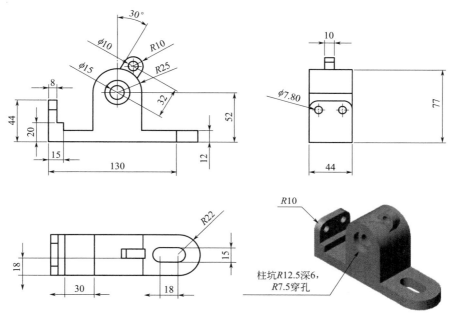

图 4-72　习题 2

第**5**章

二维铣削加工

5.1 外形铣削

5.1.1 加工设备的选取

Mastercam 2020 软件中提供了铣削模块、车削模块、线切割模块、雕刻模块、设计模块等，其中铣削模块可以用来生成铣削加工刀具路径，以及进行外形铣削、型腔加工、钻孔加工、平面加工、曲面加工、多轴加工等的模拟；车削模块可以用来生成车削加工刀具路径，进行粗/精车、切槽和车螺纹的加工模拟。用户可以根据零件加工的要求，选择合适的模块。

① 单击**机床**，将会出现如图 5-1 所示界面。

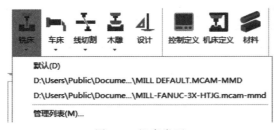

图 5-1 机床类型

② 单击 **管理列表(M)...**，将会出现如图 5-2 所示界面。

5.1.2 刀具的设置

刀具的作用是在加工过程中切削工件，根据不同的工件形状需采用不同的刀具进行加工，刀具的材料也因工件材料的不同而发生变化。刀具设置步骤如下：

① 单击 **刀路**、 **刀具管理** 命令，将会出现图 5-3 所示界面。

② 编辑刀具：

a. 当刀具库中所选择的刀具不符合用户要求时，需要对所选择的刀具进行编辑。在刀具管理对话框中，选取需要编辑的刀具，见图 5-4。

图 5-2　机床菜单管理

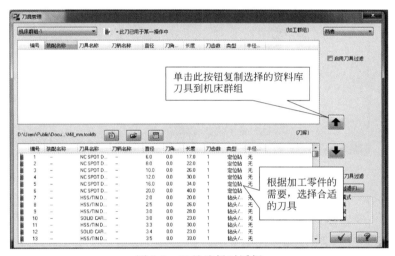

图 5-3　刀具选择对话框

图 5-4　刀具管理对话框

b. 单击"编辑刀具"将会出现如图 5-5、图 5-6 所示界面。

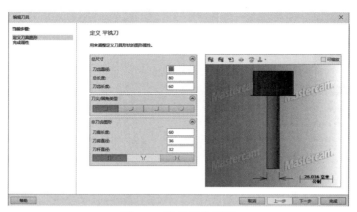

图 5-5　定义刀具图形

图 5-6　完成属性对话框

③ 创建刀具。

a. 当刀具库中没有用户所需刀具时，也可直接创建刀具。在刀具管理对话框单击右键，将会出现如图 5-4 所示界面。

b. 单击"创建刀具""类型"将会出现如图 5-7 所示界面。

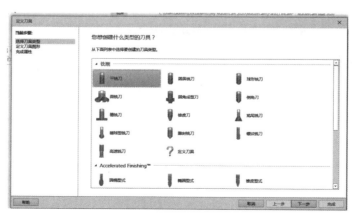

图 5-7　刀具类型对话框

c. 在"定义刀具图形对话框中选择平铣刀，见图 5-8、图 5-9。

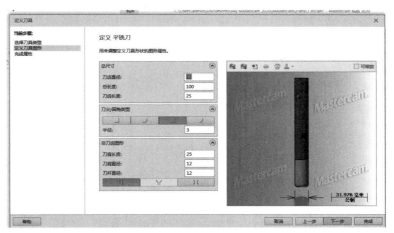

图 5-8　定义刀具图形对话框

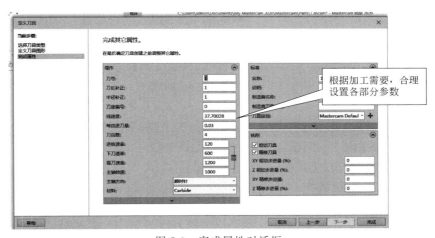

图 5-9　完成属性对话框

5.1.3　工件的设置

工件即为加工毛坯，工件按类型可以分为立方体、圆柱体、文件和实体/网络四类。

① 立方体工件的设置。单击"刀路""毛坯设置"将会出现如图 5-10 所示界面。

a. 选择对角（E）按钮：选择平面上矩形的对角点来定义立方体区域，再给定 Z 值即可设置立方体工件。

b. 边界框（B）按钮：采用边界盒将图素的最大边界包络起来形成立方体工件。

c. 所有曲面按钮：自动选择所有曲面，并以所有曲面的最大外边界形成立方体工件。

d. 所有实体按钮：选择所有实体，并以所有实体的最大外边界形成立方体工件。

e. 所有图素按钮：选择所有图素，并以所有图素的最大外边界形成立方体工件。

f. 撤销全部按钮：将前面所有选取的工件全部取消。

② 圆柱体工件的设置。单击"材料设置"选项卡的"形状"选项组中点选"圆柱体"单选按钮，将会出现如图 5-11 所示界面。

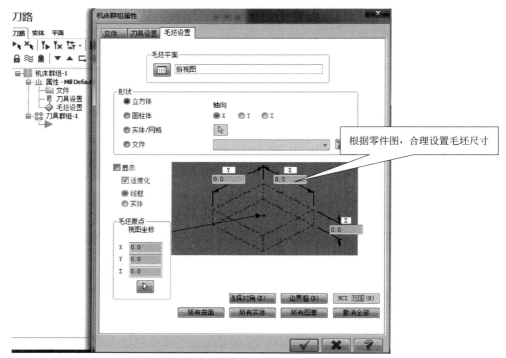

图 5-10 立方体工件设置对话框

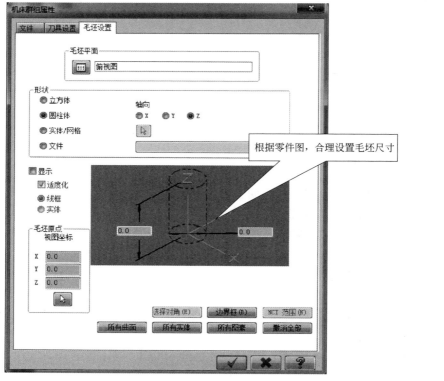

图 5-11 圆柱体工件设置对话框

5.1.4 外形铣削加工案例

（1）创建外形铣削文件

外形加工实例如图5-12所示。打开Mastercam 2020软件，单击"文件""另存为"，创建外形铣削文件，见图5-13。

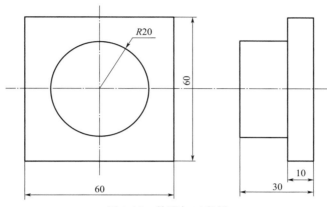

图5-12 外形加工实例

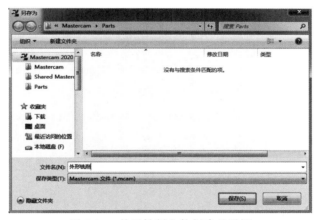

图5-13 外形铣削文件创建对话框

（2）创建零件模型

创建零件模型，完成后见图5-14。

（3）用外形铣削指令完成凸台加工

① 选取加工机床类型，见图5-15。

② 设置工件。

a. 在"操作管理"中单击⊞ 山 属性 - MILL-FANUC-3X-HTJG节点前的"＋"，将该节点展开，然后单击◇ 毛坯设置节点，系统弹出机床群组属性对话框，设置相关参数，完成后见图5-16。

b. 在素材原点进行设置，设置完成后见图5-17。

c. 单击 ✓ 即表示毛坯已设置完成。

③ 定义加工轮廓。

图 5-14　加工零件模型

图 5-15　机床类型

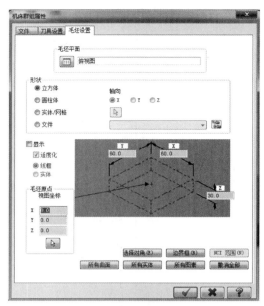

图 5-16　机床群组属性对话框

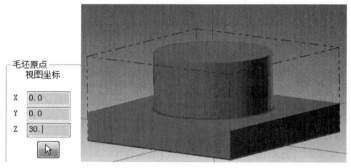

图 5-17　毛坯原点设置

单击 刀路 、 外形 ，选取加工轮廓，见图 5-18。

④ 设定加工参数。

a. 单击 √ ，选择合适刀具，见图 5-19。

b. 单击 切削参数 ，选择合适选项，完成后见图 5-20。

补正方式下拉列表中提供了 5 种补正方式：

❖　电脑选项：该选项表示系统将自动进行刀具补偿，但不进行输出控制的代码补偿。

❖　控制器选项：该选项表示系统将自动进行输出控制的代码补偿，但不进行刀具补偿。

❖　磨损选项：计算补偿刀具路径并输出补偿控制代码。计算机和控制器中的补偿方向是相同的。

❖　反向磨损选项：计算补偿刀具路径并输出补偿控制代码。计算机和控制器中的补偿方向是相反的。

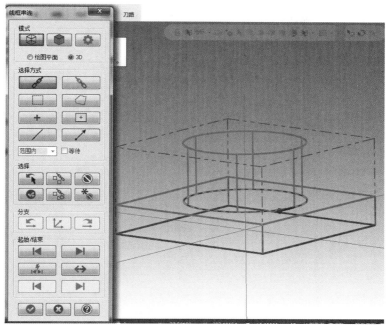

图 5-18　选取加工轮廓

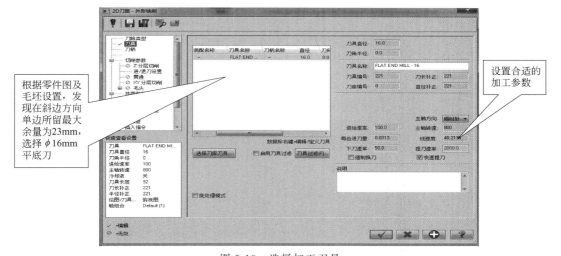

根据零件图及毛坯设置，发现在斜边方向单边所留最大余量为23mm，选择 φ16mm 平底刀

设置合适的加工参数

图 5-19　选择加工刀具

❖　关选项：该选项表示系统将不对刀具和输出控制代码进行补偿。

c. 单击 **XY分层切削**，根据实际要求设置相关参数，完成后见图 5-21、图 5-22。

d. 单击 **Z分层切削**，根据实际要求设置相关参数，完成后见图 5-23。

e. 单击 **进/退刀设置**，根据实际要求设置相关参数，完成后见图 5-24。

❖　在封闭轮廓中点位置执行进/退刀选项：设置在几何图形的中点处产生导入/导出刀具路径，否则选择在几何图形的端点处产生导入/导出刀具路径。

❖　过切检查选项：确保导入/导出刀具路径不铣削外形轮廓的内部材料。

❖　重叠量选项：设置导出刀具路径超出外形轮廓端点的距离。

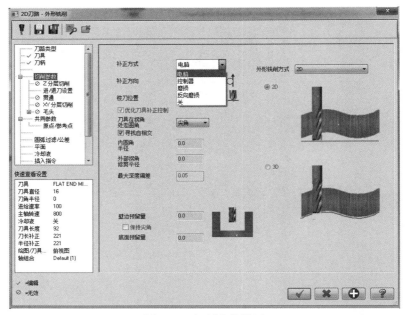

图 5-20　切削参数设置

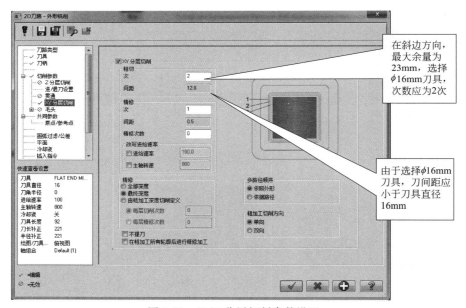

图 5-21　X/Y 分层切削参数设置

❖　进/退刀设置选项：系统提供了垂直、相切两种线性进刀/退刀方式。

❖　长度选项：设置线性导入/导出的长度，可以输入占刀具直径的百分比，或直接输入长度值。

❖　圆弧选项：设置加入圆弧导入/导出刀具路径。

❖　半径选项：设置圆弧导入/导出的圆弧半径，可以输入占刀具的百分比或直接输入半径值。

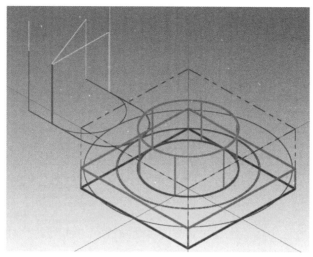

图 5-22 分层切削刀具路径

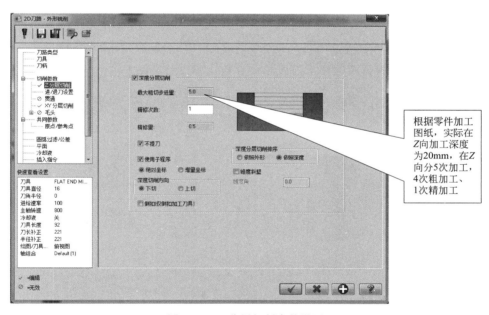

图 5-23 Z 分层切削参数设置

❖ 扫描角度选项：设置圆弧导入/导出的圆弧角度。

❖ 指定进刀点选项：将指定点作为导入点。

❖ 使用指定点深度选项：导入点使用所选点的深度。

❖ 第一个移动后才下刀选项：当采用深度分层切削时，在第一个刀具路径返回安全高度位置后再下刀。

❖ 改写进给速率选项：设置导入的切削速率，否则系统按平面进给率设置的速率导入。

❖ 调整轮廓起始位置选项：设置导入/导出刀具路径在外形起点或终点的延伸或缩短量。

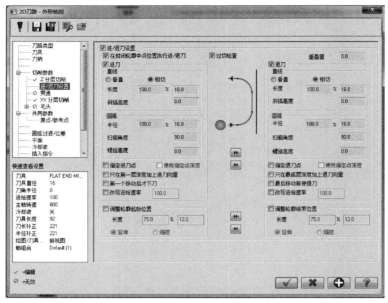

图 5-24　进/退刀参数设置

f. 单击**共同参数**，根据实际要求设置相关参数，完成后见图 5-25。

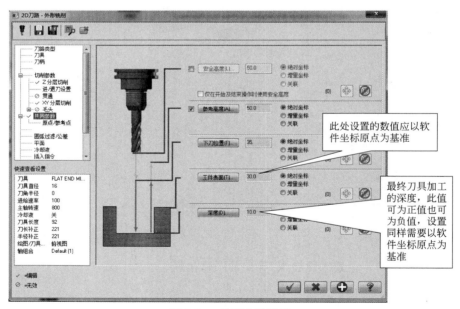

此处设置的数值应以软件坐标原点为基准

最终刀具加工的深度，此值可为正值也可为负值，设置同样需要以软件坐标原点为基准

图 5-25　共同参数设置

❖　安全高度选项：用于设置刀具在没有切削工件时与工件之间的距离。系统中提供了两种设置方法，即绝对坐标和增量坐标（相对坐标）设置。绝对坐标相对于系统原点设置，而增量坐标相对于工件表面设置。

❖　参考高度选项：用于设置刀具在下一个刀具路径前刀具回缩的位置。此参数设置必须高于下刀位置。

❖ 下刀位置选项：用于设置切削时刀具移动的平面，该平面是刀具的进刀路径所在的平面。

❖ 工件表面选项：用于设置工件表面的高度位置。

❖ 深度选项：设置刀具的切削深度，深度数值正负均有可能。

g. 设置完成后，加工路径见图5-26。

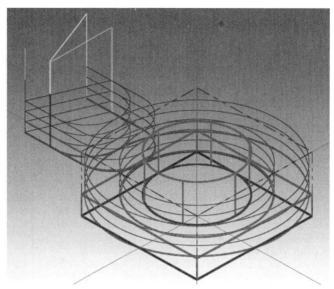

图5-26　外形铣削分层刀具路径

⑤ 操作管理。

a. 单击 刀路 显示刀具路径操作管理的选项，见图5-27。

图5-27　刀具路径操作管理选项卡

❖ 选项：选取所有加工操作。

❖ 选项：取消已选取的操作。

❖ 选项：重新生成所有刀具路径。

❖ 选项：重新生成修改后失效的刀具路径。

❖ 选项：选取刀具路径的模拟方式。

❖ 选项：选取实体验证方式。

❖ G1选项：后处理产生NC程序。

❖ 选项：高速处理。

❖ 选项：删除所有的群组、刀具及操作。

❖ 选项：锁定所选操作，不允许对锁定操作进行编辑。

❖ 　　选项：切换刀具路径的显示开关。

❖ 　　选项：在后处理时不生成 NC 代码。

❖ 　　选项：移动插入箭头到下一项。

❖ 　　选项：移动插入箭头到上一项。

❖ 　　选项：插入箭头位于指定的操作或群组之后。

❖ 　　选项：显示滚动操作的插入箭头。

❖ 　　选项：单一显示已选择的刀具路径。

❖ 　　选项：单一显示关联图形。

❖ 　　选项：在机床上装载刀具。

❖ 　　选项：编辑参考位置。

b. 单击 　　，显示刀具路径模拟设置选项，见图 5-28。

图 5-28　刀具路径模拟选项卡

❖ 　　选项：用于设置彩色显示刀具路径。

❖ 　　选项：显示刀具。

❖ 　　选项：显示夹头。

❖ 　　选项：显示退刀路径。

❖ 　　选项：显示刀具端点运动轨迹。

❖ 　　选项：着色显示刀具路径。

❖ 　　选项：配置刀具路径模拟参数。

❖ 　　选项：打开受限制的图形。

❖ 　　选项：关闭受限制的图形。

❖ 　　选项：将刀具保存为图形。

❖ 　　选项：保存刀具及夹头在某处的显示状态。

c. 单击 　　按钮，进行仿真，完成后见图 5-29。

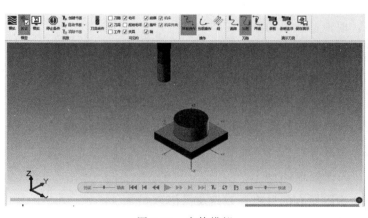

图 5-29　实体模拟

⑥ 利用后处理生成 NC 程序。单击 **G1** 按钮，选择正确的后处理，输入 NC 文件扩展名，见图 5-30。

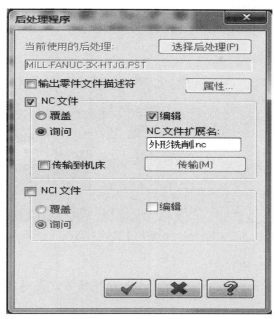

图 5-30　后处理程序对话框

单击 ✓ 生成程序，见图 5-31。

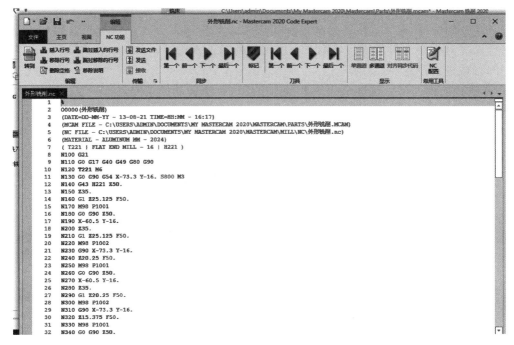

图 5-31　加工程序

5.2 挖槽加工

5.2.1 挖槽铣削方法

(1) 选择挖槽加工方式（图 5-32）

图 5-32 挖槽加工方式对话框

挖槽加工提供了以下 5 种方式：

① 标准选项：该选项为标准的挖槽方式，此种挖槽方式仅对定义的边界内部的材料进行铣削。

② 平面铣选项：该选项为平面挖槽的加工方式，此种挖槽方式是对定义的边界所围成的平面进行铣削。

③ 使用岛屿深度选项：该选项为对岛屿进行加工的方式，此种加工方式能自动地调整铣削深度。

④ 残料选项：该选项为残料挖槽的加工方式，此种加工方式可以对先前的加工自动进行残料计算并对剩余的材料进行切削。当使用这种加工方式时，会激活相关选项，可以对残料加工的参数进行设置。

⑤ 开放式挖槽选项：该选项为对未封闭串连进行铣削的加工方式。

(2) 选择切削方式（图 5-33）

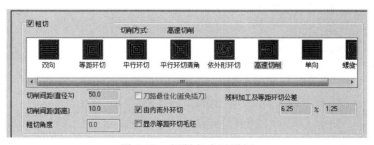

图 5-33 切削方式对话框

① 双向选项：该选项表示根据粗加工的角采用 Z 形走刀。

② 等距环切选项：该选项表示根据剩余的部分重新计算出新的剩余部分进行加工。

③ 平行环切选项：该选项是根据每次切削边界产生一定偏移量进行加工。

④ 平行环切清角选项：该选项是根据每次切削边界产生一定偏移量进行加工，同时清

除角处的残余刀路。

⑤ 依外形环切选项：该选项是根据凸台或凹槽的形状，从某一个点递进进行切削。

⑥ 高速切削选项：该选项是在圆弧处生成平稳的切削，且不易使刀具受损的一种加工方式，但加工时间较长。

⑦ 单向选项：该选项是始终沿一个方向切削，切削深度较大时选用，但加工时间较长。

⑧ 螺旋切削选项：该选项是从某一点开始，沿螺旋线切削，此种切削方式在切削时比较平稳，适合切削非规则型腔。

⑨ 切削间距（直径％）文本框：用于设置切削间距，为刀具直径的百分比。

⑩ 切削间距（距离）文本框：用于设置 XY 方向上的切削间距，XY 方向上的切削间距为距离值。

5.2.2 挖槽加工案例

（1）创建挖槽加工文件

挖槽加工实例如图 5-34 所示。打开 Mastercam 2020 软件，单击"文件""另存为"，创建挖槽加工文件，见图 5-35。

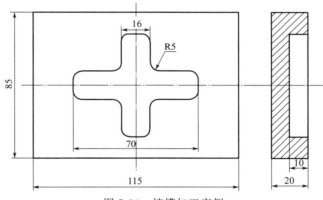

图 5-34　挖槽加工实例

图 5-35　挖槽加工文件创建对话框

（2）创建零件模型

创建零件模型，完成后见图5-36。

（3）用挖槽指令完成零件内腔加工

① 选取加工机床类型，见图5-37。

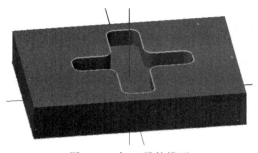

图 5-36 加工零件模型

图 5-37 机床类型

② 设置工件。

a. 在"操作管理"中单击 **⊞…山 属性**-MILL-FANUC-3X-HTJG节点前的"＋"，将该节点展开，然后单击 ◆ **毛坯设置**节点，系统弹出机床群组属性对话框，设置相关参数，完成后见图5-38。

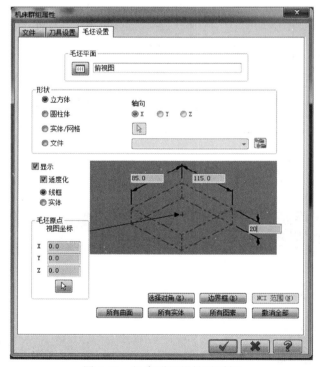

图 5-38 机床群组属性对话框

b. 在毛坯原点进行设置，设置完成后见图5-39。

c. 单击 ✓ ，毛坯已设置完成。

③ 定义加工轮廓。

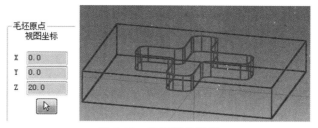

图 5-39　毛坯原点设置

单击 **刀路**、⊡（挖槽），选取加工轮廓，见图 5-40。

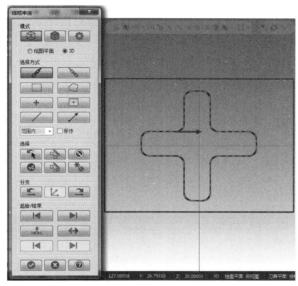

图 5-40　选取加工轮廓

④ 设定加工参数。

a. 根据零件图纸，选择刀具，完成后见图 5-41。

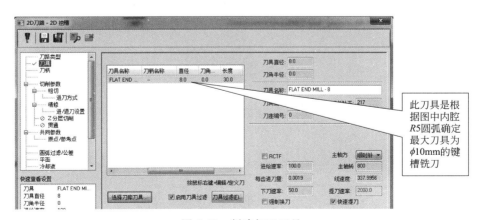

图 5-41　创建加工刀具

b. 单击 **切削参数**，设置相关参数，见图 5-42。

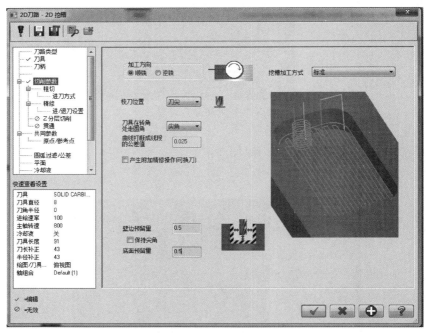

图 5-42　切削参数设置

c. 单击 **粗切**，设置相关参数，见图 5-43。

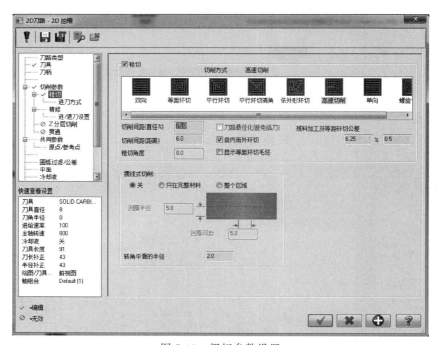

图 5-43　粗切参数设置

d. 单击 **精修**，设置相关参数，见图 5-44。

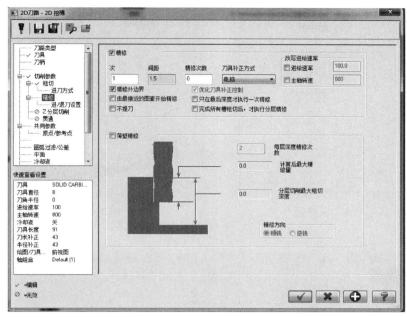

图 5-44　精修参数设置

e. 单击**共同参数**，根据实际要求设置相关参数，完成后见图 5-45。

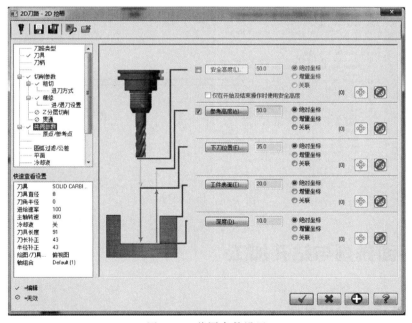

图 5-45　共同参数设置

f. 设置完成后，加工路径见图 5-46。

⑤ 图形模拟。单击 按钮，进行仿真，完成后见图 5-47。

⑥ 利用后处理生成 NC 程序。单击 **G1** 按钮，生成加工程序，见图 5-48。

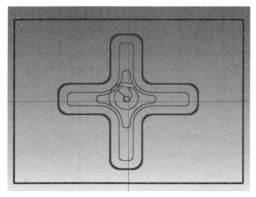

图 5-46 挖槽刀具路径

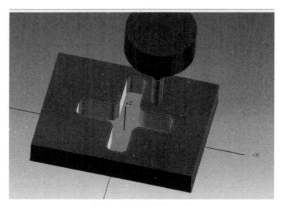

图 5-47 实体模拟

```
1    %
2    O0000(挖槽加工)
3    (DATE=DD-MM-YY - 16-08-21 TIME=HH:MM - 09:53)
4    (MCAM FILE - C:\USERS\ADMIN\DESKTOP\挖槽加工.MCAM)
5    (NC FILE - C:\USERS\ADMIN\DOCUMENTS\MY MASTERCAM 2020\MASTERCAM\MILL\NC\挖槽加工.wc)
6    (MATERIAL - ALUMINUM MM - 2024)
7    ( T217 | FLAT END MILL - 8 | H217 | XY STOCK TO LEAVE - 1. | Z STOCK TO LEAVE - 1. )
8    N100 G21
9    N110 G0 G17 G40 G49 G80 G90
10   N120 T217 M6
11   N130 G0 G90 G54 X2.92 Y3.553 S800 M3
12   N140 G43 H217 Z50.
13   N150 Z35.
14   N160 G1 Z21. F50.
15   N170 G3 X-1.185 Y5.865 Z20.742 I-4.105 J-2.488
16   N180 X-5.985 Y1.065 Z20.347 I0. J-4.8
17   N190 X-1.185 Y-3.735 Z19.951 I4.8 J0.
18   N200 X3.615 Y1.065 Z19.556 I0. J4.8
19   N210 X2.92 Y3.553 Z19.419 I-4.8 J0.
20   N220 X-1.185 Y5.865 Z19.161 I-4.105 J-2.488
21   N230 X-5.985 Y1.065 Z18.766 I0. J-4.8
22   N240 X-1.185 Y-3.735 Z18.371 I4.8 J0.
23   N250 X3.615 Y1.065 Z17.976 I0. J4.8
24   N260 X2.92 Y3.553 Z17.839 I-4.8 J0.
25   N270 X-1.185 Y5.865 Z17.581 I-4.105 J-2.488
26   N280 X-5.985 Y1.065 Z17.186 I0. J-4.8
27   N290 X-1.185 Y-3.735 Z16.79 I4.8 J0.
28   N300 X3.615 Y1.065 Z16.395 I0. J4.8
29   N310 X2.92 Y3.553 Z16.258 I-4.8 J0.
30   N320 X-1.185 Y5.865 Z16. I-4.105 J-2.488
31   N330 X-5.985 Y1.065 Z15.605 I0. J-4.8
```

图 5-48 加工程序

5.3 平面铣削与钻孔加工

5.3.1 平面铣削参数设置

平面铣削相关参数，见图 5-49。

① 类型下拉列表框，包含四种切削类型：

双向选项：表示切削方向往复变换的铣削方式。

单项选项：表示切削方向固定是某个方向的铣削方式。

一刀式选项：表示在工件中心进行单向一次性的铣削加工。

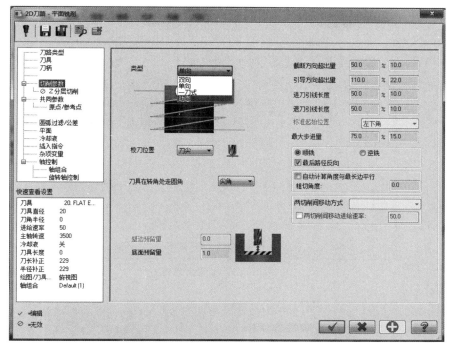

图 5-49　平面铣削对话框

动态选项：表示切削方向动态调整的铣削方式。

② 截断方向超出量文本框：用于设置平面加工时垂直于切削方向的刀具重叠量。可以在第一个文本框中输入刀具直径的百分比，或在第二个文本框中输入距离值来定义重叠量。

③ 引导方向超出量文本框：用于设置平面加工时平行于切削方向的刀具重叠量。可以在第一个文本框中输入刀具直径的百分比，或在第二个文本框中输入距离值来定义重叠量。

④ 进刀引线长度文本框：用于在第一次切削前添加额外的距离。可以在第一个文本框中输入刀具直径的百分比，或在第二个文本框中输入距离值来定义该长度。

⑤ 退刀引线长度文本框：用于在最后一次切削后添加额外的距离。可以在第一个文本框中输入刀具直径的百分比，或在第二个文本框中输入距离值来定义该长度。

5.3.2　钻孔方法及参数设置

钻孔参数的设定，见图 5-50。钻孔循环方式，见图 5-51。

钻孔模组共有 20 种钻孔循环形式，包括 7 种标准形式和 13 种自定义形式。

① 钻头/沉头钻 选项：钻孔或镗盲孔，其孔深一般小于 3 倍的刀具直径。

② 深孔啄钻(G83) 选项：钻孔深度大于 3 倍刀具直径的深孔，循环中有快速退刀动作，退刀至参考高度，以便强行排去铁屑和强行冷却。

③ 断屑式(G73) 选项：钻孔深度大于 3 倍刀具直径的深孔，循环中有快速退刀动作，退回一定距离，但并不退至参考高度，以便断屑。

④ 攻牙(G84) 选项：攻左旋或右旋内螺纹。

⑤ 镗孔 #1 - 进给退刀 选项：用正向进刀、反向进刀形式镗孔，该方法常用于镗盲孔。

⑥ 镗孔 #2 - 主轴停止 - 快速退刀 选项：用正向进刀、主轴停止让刀、快速退刀方式镗孔。

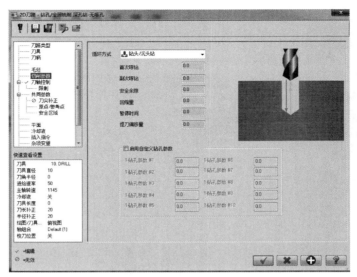

图 5-50　钻孔参数对话框

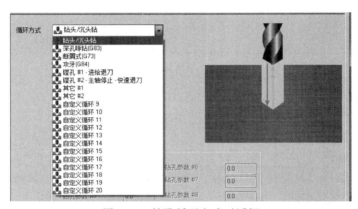

图 5-51　钻孔循环方式对话框

5.3.3　平面铣削与钻孔加工案例

平面铣削与钻孔加工实例如图 5-52 所示。

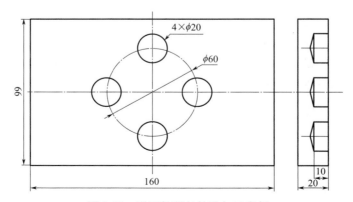

图 5-52　平面铣削与钻孔加工实例

（1）创建平面铣削与钻孔加工文件

打开 Mastercam 2020 软件，单击"文件""另存为"，创建平面铣削与钻孔加工文件，见图 5-53。

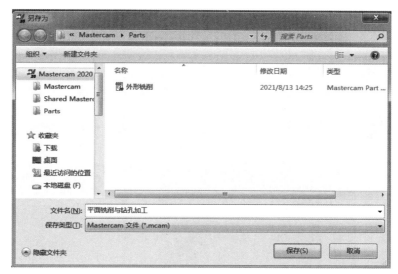

图 5-53　平面铣削与钻孔加工文件创建对话框

（2）创建零件模型

创建零件模型，完成后见图 5-54。

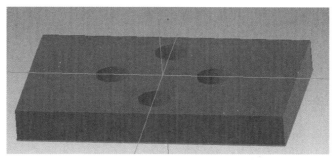

图 5-54　加工零件模型

（3）平面铣削

① 选取加工机床类型，见图 5-55。

图 5-55　机床类型

② 设置工件。

a. 在"操作管理"中单击⊞ **山 属性** - MILL-FANUC-3X-HTJG 节点前的"＋"，将该节点展开，然后单击◆ **毛坯设置** 节点，系统弹出机床群组属性对话框，设置相关参数，完成后见图 5-56。

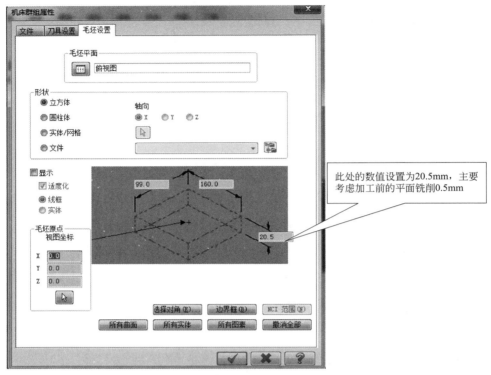

此处的数值设置为20.5mm，主要考虑加工前的平面铣削0.5mm

图 5-56　机床群组属性对话框

b. 在 毛坯原点 视图坐标 中输入 Z │0.5 ，单击 **B 边界盒** ，见图 5-57。

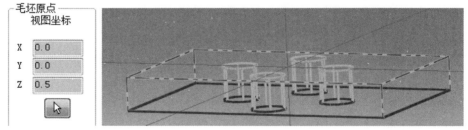

图 5-57　毛坯原点设置

c. 单击 ✔ ，毛坯已设置完成。

③ 平面加工。

a. 单击 **刀路** 、 **面铣** 选取加工轮廓，见图 5-58。

b. 单击 ✔ ，创建加工刀具，完成后见图 5-59。

c. 单击 **切削参数** ，设置相关参数，见图 5-60。

d. 单击 **共同参数** ，设置相关参数，见图 5-61。

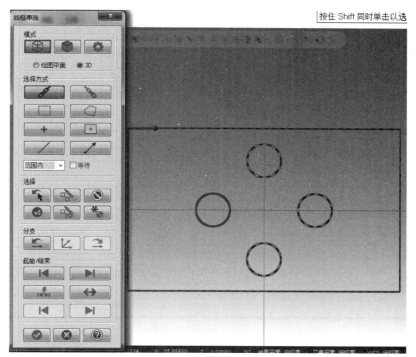

图 5-58　选取加工轮廓

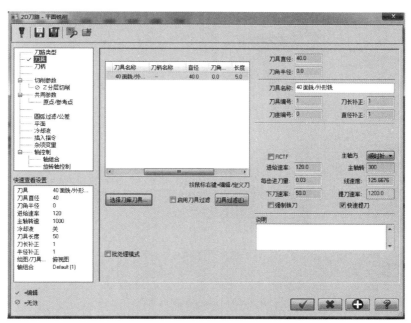

图 5-59　创建加工刀具

e. 设置完成后，加工路径见图 5-62。

f. 进行仿真加工，完成后见图 5-63。

g. 利用后处理生成 NC 程序。单击 **G1** 按钮，生成加工程序，见图 5-64。

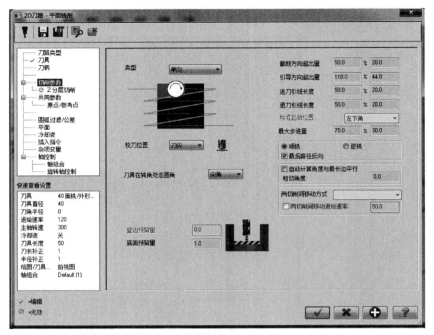

图 5-60　切削参数设置

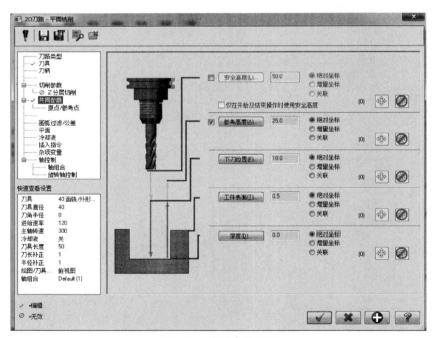

图 5-61　共同参数设置

（4）孔加工

① 单击 刀路 、 钻孔 选取加工轮廓，见图 5-65。

② 设定加工参数。

a. 根据零件图纸，选择刀具，完成后见图 5-66。

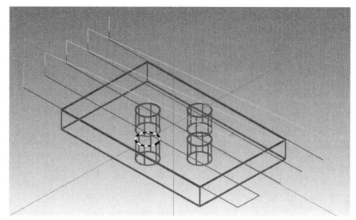

图 5-62　平行铣削刀具路径

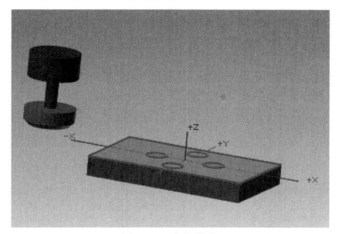

图 5-63　实体模拟

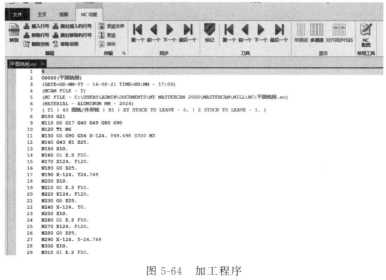

图 5-64　加工程序

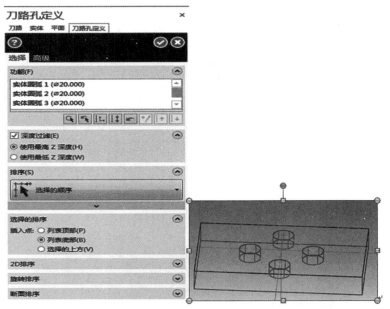

图 5-65　选取孔加工轮廓

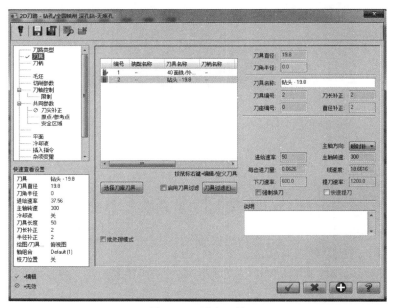

图 5-66　创建刀具

b. 单击 切削参数 ，设置相关参数，见图 5-67。

c. 单击 **共同参数** ，根据实际要求设置相关参数，完成后见图 5-68。

d. 设置完成后，加工路径见图 5-69。

③ 图形模拟。单击 ▶ 按钮，进行仿真，完成后见图 5-70。

④ 利用后处理生成 NC 程序。单击 **G1** 按钮，生成加工程序见图 5-71。

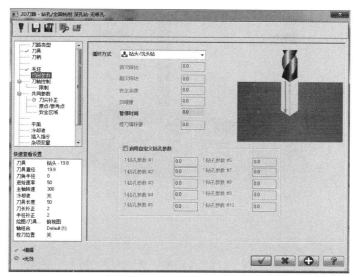

图 5-67　孔加工切削参数设置

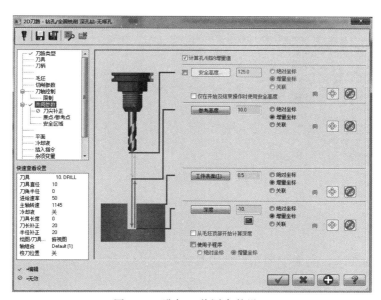

图 5-68　孔加工共同参数设置

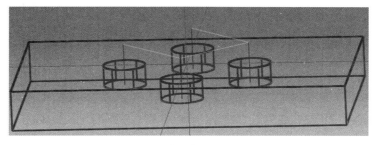

图 5-69　钻孔加工刀具路径

图 5-70　孔加工实体模拟

```
         1   %
         2   O0000(钻孔加工)
         3   (DATE=DD-MM-YY - 16-08-21 TIME=HH:MM - 17:24)
         4   (MCAM FILE - T)
         5   (NC FILE - C:\USERS\ADMIN\DOCUMENTS\MY MASTERCAM 2020\MASTERCAM\MILL\NC\钻孔加工.nc)
         6   (MATERIAL - ALUMINUM MM - 2024)
         7   ( T2 | 钻头 - 19.8 | H2 )
         8   N100 G21
         9   N110 G0 G17 G40 G49 G80 G90
        10   N120 T2 M6
        11   N130 G0 G90 G54 X0. Y-30. S300 M3
        12   N140 G43 H2 Z10.
        13   N150 G99 G81 Z-20.5 R10. F50.
        14   N160 X30. Y0.
        15   N170 X-30.
        16   N180 X0. Y30.
        17   N190 G80
        18   N200 M5
        19   N210 G91 G28 Z0.
        20   N220 G28 Y0.
        21   N230 M30
        22   %
```

图 5-71　孔加工程序

 习题

根据零件图的要求，完成下列图形的刀具路径。

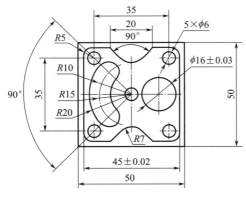
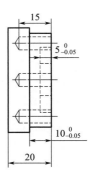

图 5-72　习题 1

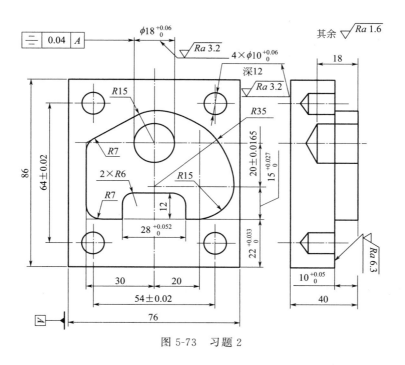

图 5-73　习题 2

三维铣削加工

6.1 曲面平行铣削、等高与清角加工

6.1.1 曲面平行铣削加工参数设置

曲面平行铣削加工适用于加工曲率变化较小的平坦曲面以及表面积较大的曲面。曲面平行铣削分为粗加工和精加工两种形式，粗加工是分层平行切削的加工方法，加工完毕的工件表面刀路呈平行条纹状，刀路计算时间长，提刀次数多，粗加工时加工效率低。平行精加工与粗加工类似，区别在于无深度方向的分层控制，对坡度小的曲面加工效果较好，遇有陡斜面需控制加工角度，可作为精加工阶段的首选刀路。曲面平行铣削参数见图6-1。

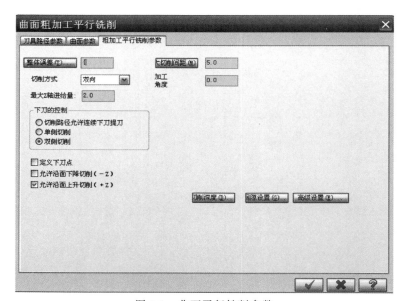

图6-1　曲面平行铣削参数

① 整体误差：用于定义总误差（过滤器误差和加工误差之和）。总误差的值越小，刀具路径就越精确，但生成的数控程序段就越长。

178 — Mastercam 2020 造型与数控加工案例教程

② 切削方式：用于定义刀具在 XY 平面内的切削方式，有单向切削与双向（往复）切削两种方式。

③ 最大切削间距：用于定义相邻刀具轨迹间的横向最大步距。

④ 最大 Z 轴进给量：用于定义相邻刀具轨迹间的 Z 向下刀最大步距。

⑤ 加工角度：用于定义曲面刀具轨迹相对于 X 轴的角度。

6.1.2 曲面等高外形加工参数设置

曲面等高外形加工适合有陡峭壁及余量不大的曲面零件的粗精加工。刀具轨迹可以依据曲面轮廓形状生成周边轮廓切削路径，去除毛坯余量时，采用 Z 向等深度逐层切削方式。曲面等高外形加工参数见图 6-2。

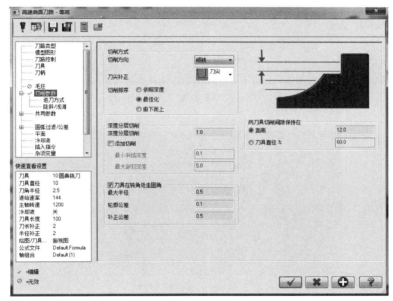

图 6-2 曲面等高外形加工参数

6.1.3 清角加工参数设置

清角加工用于清除其他粗加工方法未切削或大直径刀具加工后形成的残留材料。通过刀具的平面切削运动，以恒定的 Z 向切削深度值，逐层去掉前面加工留下的残料。清角加工参数见图 6-3。

6.1.4 曲面平行铣削、等高外形与清角加工案例

加工案例模型图如图 6-4 所示。

（1）创建加工文件

打开 Mastercam 2020 软件，点击"文件""另存为"，创建平行、等高、清角加工文件，见图 6-5。

（2）创建零件模型

创建零件模型，完成后见图 6-6。

图 6-3　清角加工参数

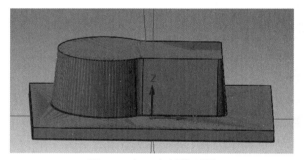

图 6-4　加工案例模型图

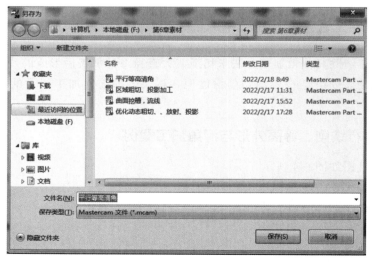

图 6-5　平行、等高、清角加工文件

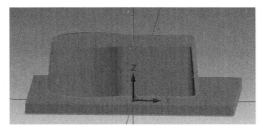

图 6-6　零件模型

（3）平行铣削加工

① 选取加工机床类型，见图 6-7。

图 6-7　选取加工机床类型

② 设置工件。在"操作管理"中单击 ⊞ **山 属性** - MILL-FANUC-3X-HTJG 节点前的"＋"，将该节点展开，然后单击 ◆ **毛坯设置** 节点，系统弹出机床群组属性对话框，设置相关参数，完成后见图 6-8。

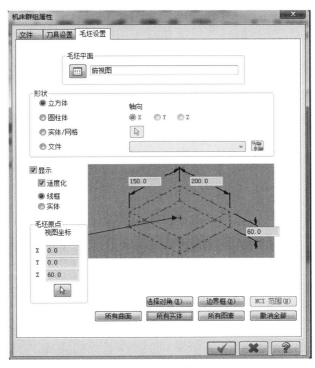

图 6-8　机床群组属性对话框

③ 定义加工曲面。

图 6-9 选择工件形状对话框

a. 点击 刀路 、 平行 ，见图 6-9。

b. 点击 ，选取加工面、加工范围，完成后见图 6-10。

④ 设定加工参数。

a. 根据零件图纸，选择刀具，完成后见图 6-11。

b. 点击 曲面参数 ，设置相关参数，见图 6-12。

c. 点击 粗加工平行铣削参数 ，设置相关参数，见图 6-13。

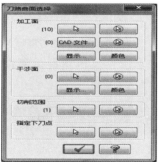

图 6-10   选取加工面和加工范围

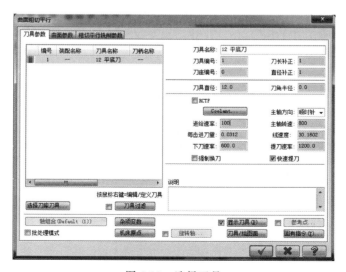

图 6-11   选择刀具

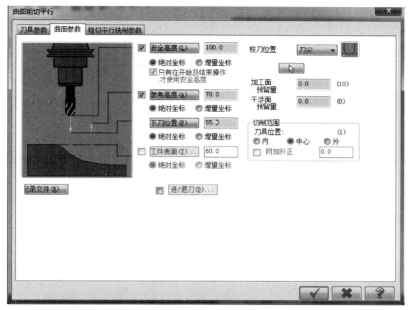

图 6-12　设置曲面参数

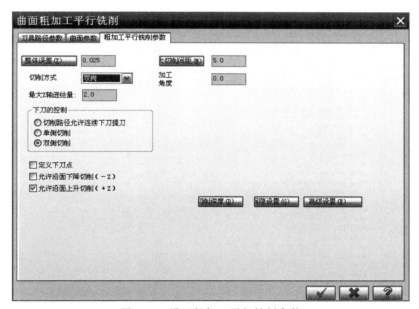

图 6-13　设置粗加工平行铣削参数

d. 设置完成后，加工路径见图 6-14。

⑤ 图形模拟。点击 操作管理 、 按钮，进行仿真，完成后见图 6-15。

⑥ 利用后处理生成 NC 程序。点击 操作管理 、 G1 按钮，生成加工程序见图 6-16。

（4）等高外形加工

① 点击 ≋ 隐藏加工路径，选择 刀路 、 ，见图 6-17。

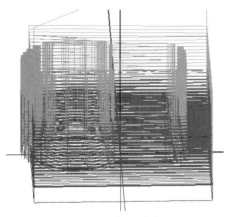

图 6-14　加工路径

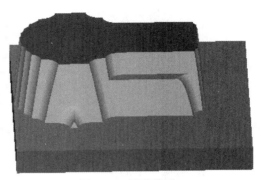

图 6-15　图形模拟 1

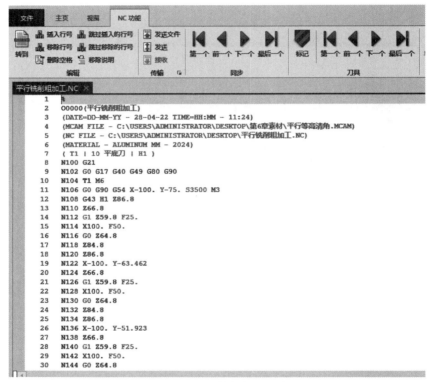

图 6-16　平行铣削加工程序

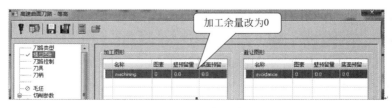

图 6-17　设置加工余量

② 点击  ，设置加工范围。

a. 选择加工面，见图 6-18。

图 6-18　选择加工面

b. 点击 **刀路控制** ，设置加工范围，见图 6-19。

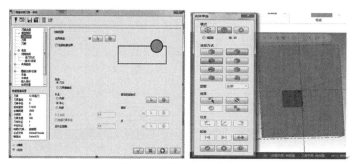

图 6-19　设置加工范围

③ 设定加工参数。

a. 点击  ，根据零件图纸，选择刀具，完成后见图 6-20。

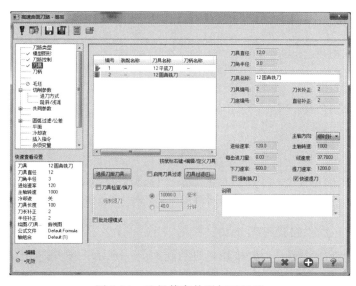

图 6-20　选择等高外形加工刀具

b. 点击 **切削参数** ，设置相关参数，见图 6-21。

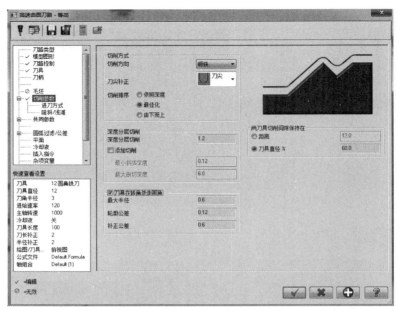

图 6-21　等高外形加工切削参数设置

c. 点击 **共同参数** ，设置相关参数，见图 6-22。

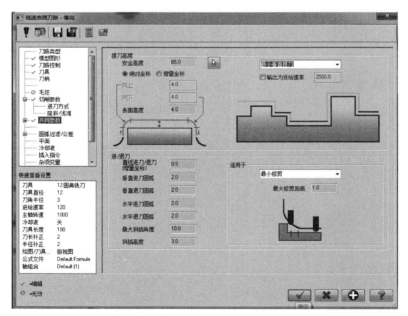

图 6-22　等高外形加工共同参数设置

d. 设置完成后，加工路径见图 6-23。

④ 图形模拟。点击 操作管理 、 按钮，进行仿真，完成后见图 6-24。

⑤ 利用后处理生成 NC 程序。点击 操作管理 、 **G1** 按钮，生成加工程序，见图 6-25。

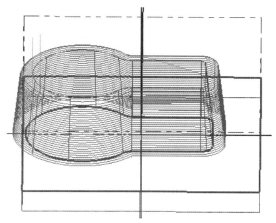

图 6-23　等高外形加工的加工路径

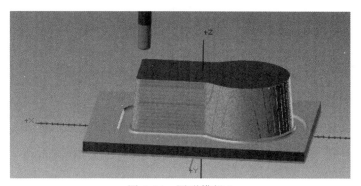

图 6-24　图形模拟 2

图 6-25　等高外形加工程序

（5）清角加工

① 点击  隐藏刀具加工路径，点击 **刀路** 、清角 ，见图 6-26。

图 6-26　设置清角加工余量

② 点击 ，设置加工范围。

a. 选择加工面，见图 6-27。

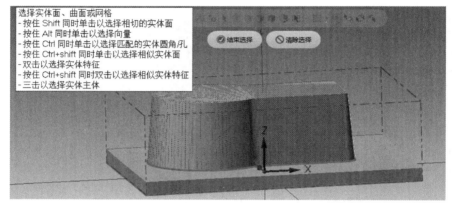

图 6-27　选择清角加工面

b. 点击 刀路控制 ，设置加工范围，见图 6-28。

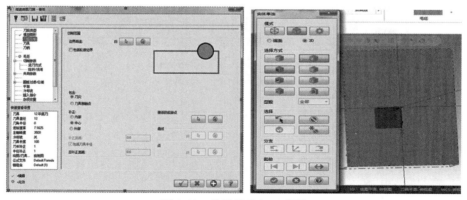

图 6-28　设置清角加工范围

③ 设定加工参数。

a 点击 ，根据零件图纸，选择刀具，完成后见图 6-29。

b. 点击 **切削参数** ，设置相关参数，见图 6-30。

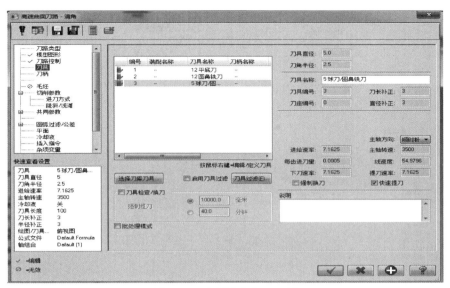

图 6-29　选择清角加工刀具

图 6-30　设置清角加工切削参数

c. 点击**共同参数**，设置相关参数，见图 6-31。

d. 设置完成后，加工路径见图 6-32。

④ 图形模拟。点击 操作管理 、 按钮，进行仿真，完成后见图 6-33。

⑤ 利用后处理生成 NC 程序。点击 操作管理 、 G1 按钮，生成加工程序，见图 6-34。

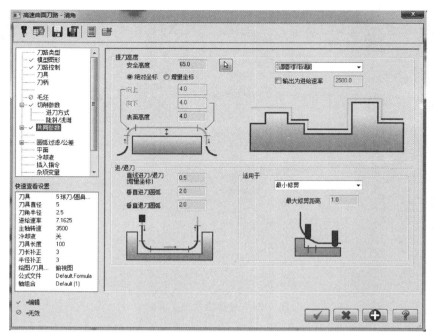

图 6-31　设置清角加工共同参数

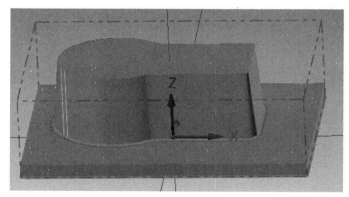

图 6-32　清角加工路径

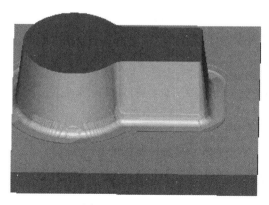

图 6-33　图形模拟 3

图 6-34　清角加工程序

6.2　优化动态粗切、放射状加工与投影加工

6.2.1　优化动态粗切设置

优化动态粗切是一种完全利用刀具刃长进行切削，快速移除材料的加工方式。优化动态粗切加工参数见图 6-35。

6.2.2　放射状加工参数设置

放射状加工生成中心向外扩散的刀具轨迹。这种方式生成的刀具路径在平面上是呈离散变化的，越靠近原点处刀间距越小，越远离原点刀间距越大，因此这种加工方式适用于加工球形及具有放射特征的工件。放射状加工参数见图 6-36。

6.2.3　曲面投影加工参数设置

投影加工是将已有的刀具路径档案（NCI）或几何图素（点或曲线）投影到指定曲面模型上并生成刀具路径进行切削加工的方法。投影加工的参数见图 6-37。

① NCI：表示利用已存在的 NCI 文件进行投影加工。

② 曲线：表示选取一条或多条曲线进行投影加工。

③ 点：表示可以通过一组点来进行投影加工。

图 6-35 优化动态粗切加工参数

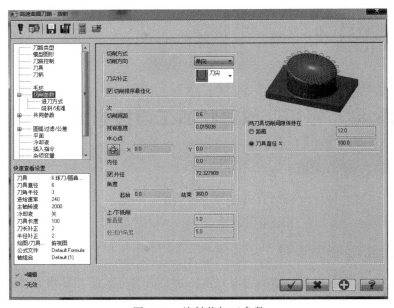

图 6-36 放射状加工参数

④ 两切削间提刀：选中此复选框，表示在加工过程中强迫在两切削间提刀。

6.2.4 优化动态粗切、放射状加工与投影加工案例

优化动态粗切、放射状加工与投影加工案例模型如图 6-38 所示。

（1）创建文件

打开 Mastercam 2020 软件，点击"文件""另存为"，创建优化动态粗切、放射状加工与投影加工文件，见图 6-39。

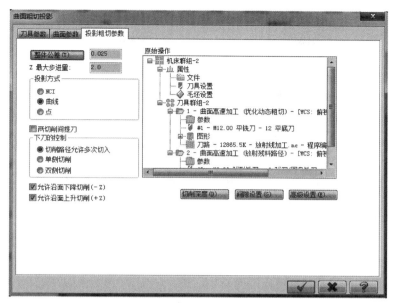

图 6-37　投影加工的参数

图 6-38　案例模型

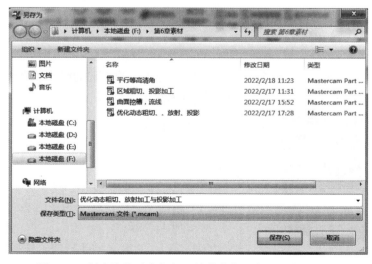

图 6-39　创建优化动态粗切、放射状加工与投影加工文件

（2）创建零件模型

创建零件模型，完成后见图 6-40。

（3）优化动态粗切加工

① 选取加工机床类型，见图 6-41。

图 6-40　零件模型

图 6-41　选取加工机床类型

② 设置工件。在"操作管理"中单击 **山 属性** - MILL-FANUC-3X-HTJG 节点前的"＋"，将该节点展开，然后单击 ◆ **毛坯设置** 节点，系统弹出机床群组属性对话框，设置相关参数，完成后见图 6-42。

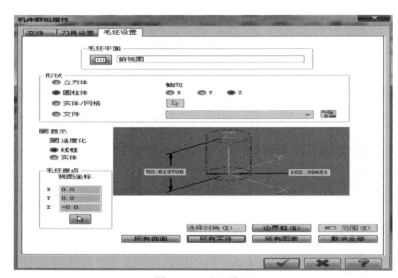

图 6-42　毛坯设置

图 6-43　选取优化动态粗切加工
平面及加工范围

③ 定义加工面。

a. 点击 **刀路**、 选取加工平面及加工范围，见图 6-43。

b. 点击 刀路控制 设置加工范围，见图 6-44。

④ 设定加工参数。

a. 点击 ，根据零件图纸，选择刀具，完成后见图 6-45。

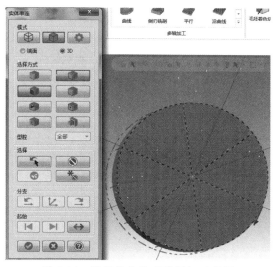

图 6-44　设置优化动态粗切加工范围

图 6-45　选择优化动态粗切加工刀具

b. 点击 **切削参数** ，设置相关参数，见图 6-46。

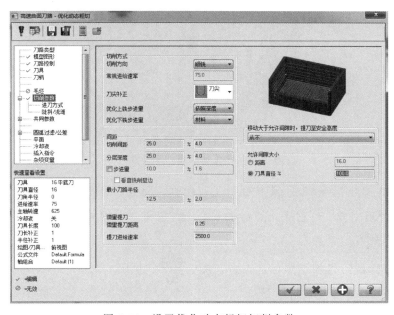

图 6-46　设置优化动态粗切切削参数

c. 点击**共同参数**，设置相关参数，见图 6-47。

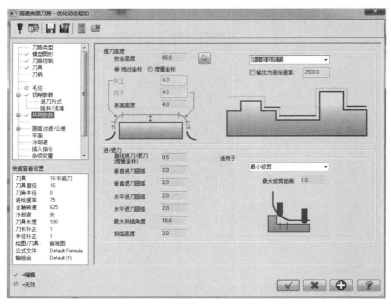

图 6-47　设置优化动态粗切共同参数

d. 设置完成后，加工路径见图 6-48。

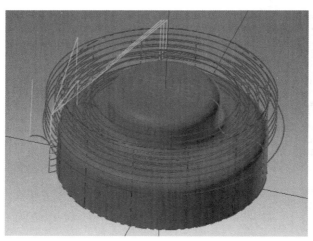

图 6-48　优化动态粗切加工路径

⑤ 图形模拟。点击 操作管理 、 按钮，进行仿真，完成后见图 6-49。

⑥ 利用后处理生成 NC 程序。点击 操作管理 、 **G1** 按钮，生成加工程序，见图 6-50。

（4）放射状加工

① 点击 隐藏刀具加工路径，点击 **刀路** 、 放射 ，见图 6-51。

② 点击 ，设置加工范围。

a. 选择加工面，见图 6-52。

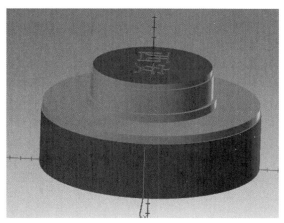

图 6-49　优化动态粗切仿真模拟

```
文件    主页    视图    NC 功能

插入行号   跳过插入的行号   发送文件        ◄◄  ◄  ►  ►◄      ◄◄  ◄  ►
转到  移除行号   跳过移除的行号   发送        第一个 前一个 下一个 最后个    标记   第一个 前一个 下一个
删除空格   移除说明        接收
        编辑              传输          同步                刀具

优化动态粗切.NC ×   清角.NC
     1   %
     2   O0000 (优化动态粗切)
     3   (DATE=DD-MM-YY - 28-04-22 TIME=HH:MM - 16:58)
     4   (MCAM FILE - C:\USERS\ADMINISTRATOR\DESKTOP\第6章素材\优化动态粗切、放射加工与投影
     5   (NC FILE - D:\用户目录\我的文档\MY MASTERCAM 2021\MASTERCAM\MILL\NC\优化动态粗切
     6   (MATERIAL - ALUMINUM MM - 2024)
     7   ( T1 | 16 平底刀 | H1 )
     8   N100 G21
     9   N102 G0 G17 G40 G49 G80 G90
    10   N104 T1 M6
    11   N106 G0 G90 G54 X-40.416 Y-58.047 S625 M3
    12   N108 G43 H1 Z65.
    13   N110 Z51.639
    14   N112 G1 Z48.173 F600.
    15   N114 X-40.116 Y-57.917 Z48.162 F75.
    16   N116 X-39.825 Y-57.768 Z48.15
    17   N118 X-39.544 Y-57.6 Z48.139
    18   N120 X-39.274 Y-57.414 Z48.127
    19   N122 X-39.018 Y-57.211 Z48.116
    20   N124 X-38.775 Y-56.991 Z48.105
    21   N126 X-38.548 Y-56.757 Z48.093
    22   N128 X-38.336 Y-56.507 Z48.082
    23   N130 X-38.141 Y-56.245 Z48.07
    24   N132 X-37.963 Y-55.97 Z48.059
    25   N134 X-37.804 Y-55.684 Z48.047
    26   N136 X-37.664 Y-55.388 Z48.036
    27   N138 X-37.543 Y-55.084 Z48.025
    28   N140 X-37.443 Y-54.773 Z48.013
    29   N142 X-37.363 Y-54.455 Z48.002
    30   N144 X-37.304 Y-54.134 Z47.99
```

图 6-50　优化动态粗切加工程序

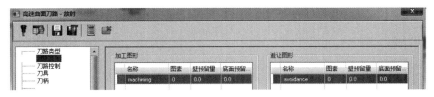

图 6-51　高速曲面刀路-放射对话框

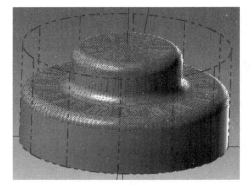

图 6-52　选择放射状加工的加工面

b. 点击 刀路控制 设置加工范围，见图 6-53。

图 6-53　设置放射状加工的加工范围

③ 设定加工参数。

a. 根据零件图纸，选择刀具，完成后见图 6-54。

图 6-54　选择放射状加工的加工刀具

b. 点击 **曲面参数** ，设置相关参数，见图 6-55。

c. 点击 **共同参数** ，设置相关参数，见图 6-56。

d. 设置完成后，加工路径见图 6-57。

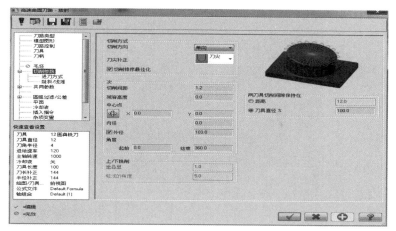

图 6-55　设置放射状加工的曲面参数

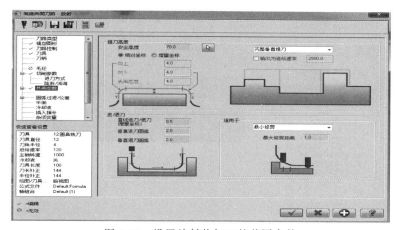

图 6-56　设置放射状加工的共同参数

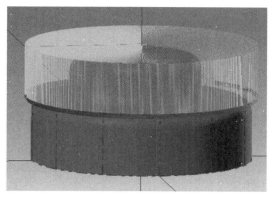

图 6-57　放射状加工的加工路径

④ 图形模拟。点击 操作管理 、 ⬡ 按钮，进行仿真，完成后见图 6-58。

⑤ 利用后处理生成 NC 程序。点击 操作管理 、 G1 按钮，生成加工程序，见图 6-59。

图 6-58　放射状加工的仿真模拟

图 6-59　放射状加工的加工程序

（5）投影加工

① 点击  隐藏刀具加工路径，点击 **刀路**、投影，见图 6-60。

② 定义加工面。点击 ✓，选取加工面、加工范围，完成后见图 6-61。

③ 设定加工参数。

图 6-60　选择工件形状对话框

a. 点击 ✓，根据零件图纸，选择刀具，完成后见图 6-62。

b. 点击 **曲面参数**，设置相关参数，见图 6-63。

c. 点击 **投影精加工参数**，设置相关参数，见图 6-64。

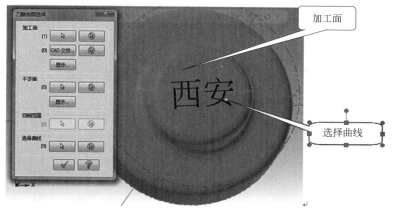

图 6-61　选择投影加工的加工面和加工范围

图 6-62　选择投影加工刀具

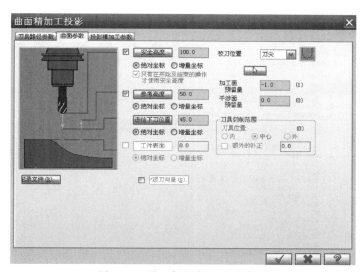

图 6-63　设置投影加工曲面参数

④ 图形模拟。点击 操作管理 、 按钮，进行仿真，完成后见图 6-65。

⑤ 利用后处理生成 NC 程序。

点击 操作管理 、 G1 按钮，生成加工程序，见图 6-66。

图 6-64　设置投影精加工参数

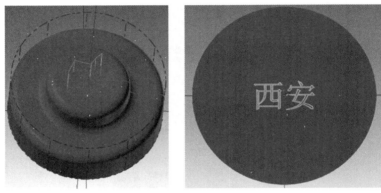

图 6-65　投影加工仿真模拟

图 6-66　投影加工程序

6.3 曲面粗切挖槽与曲面精修流线加工

6.3.1 曲面粗切挖槽加工参数设置

曲面粗切挖槽加工是分层清除加工面与加工边界之间所有材料的一种加工方法。采用此方法可以进行大量切削加工，以减少工件中的多余余量，同时可提高加工效率。曲面粗切挖槽加工参数见图 6-67。

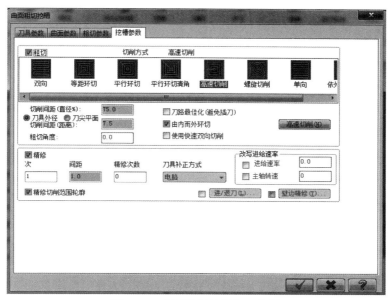

图 6-67　曲面粗切挖槽加工参数

① 双向选项：该选项表示根据粗加工的角采用 Z 形走刀。

② 等距环切选项：该选项表示根据剩余的部分重新计算出新的剩余部分进行加工。

③ 平行环切选项：该选项是根据每次切削边界产生一定偏移量进行加工。

④ 平行环切清角选项：该选项是根据每次切削边界产生一定偏移量进行加工，同时清除角处的残余刀路。

⑤ 依外形环切选项：该选项是根据凸台或凹槽间的形状，从某一个点递进进行切削。

⑥ 高速切削选项：该选项是在圆弧处生成平稳的切削，且不易使刀具受损的一种加工方式，但加工时间较长。

⑦ 单向选项：该选项是始终沿一个方向切削，适合在切削深度较大时选用，但加工时间较长。

⑧ 螺旋切削选项：该选项是从某一点开始，沿螺旋线切削，此种切削方式在切削时比较平稳，适合非规则型腔的切削。

⑨ 切削间距（直径%）文本框：切削间距为刀具直径的百分比。

⑩ 切削间距（距离）文本框：用于设置 XY 方向上的切削间距，XY 方向上的切削间距为距离值。

6.3.2 曲面精修流线加工参数设置

曲面精修流线加工是刀具依曲面产生时的方向（横向或纵向）进行铣削，可以设定曲面切削方向沿着截断方向加工或者沿切削方向加工，同时可以控制曲面的"残余高度"来产生一个平滑的加工曲面。曲面精修流线加工参数见图 6-68。

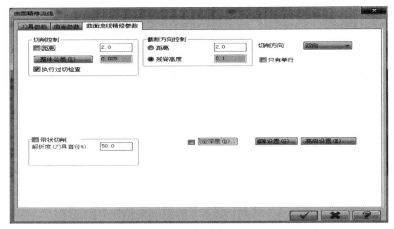

图 6-68　曲面精修流线加工参数

① 切削控制：用于控制切削的步进距离值及误差值。

距离：选中此复选框可以通过设置一个具体数值来控制刀具沿切削方向的增量。

执行过切检查：选中此复选框表示在进行刀具路径计算时，将执行过切检查。

② 截断方向控制：用于设置控制切削方向的相关参数。

距离：选中此复选框可以通过设置一个具体数值来控制刀具沿曲面截面方向的步进增量。

残脊高度：选中此单选项可以设置刀具路径间的剩余材料高度，系统会根据设定的数值对切削增量进行调整。

只有单行：用于创建一行越过邻近表面的刀具路径。

③ 带状切削：该复选框用于在所选曲面的中部创建一条单一的流线刀具路径。

6.3.3 曲面粗切挖槽与曲面精修流线加工案例

曲面粗切挖槽与曲面精修流线加工案例模型如图 6-69 所示。

（1）创建文件

打开 Mastercam 2020 软件，点击"文件""另存为"，创建曲面粗切挖槽与曲面精修流线加工文件，见图 6-70。

图 6-69　案例模型

（2）创建零件模型

创建零件模型，完成后见图 6-71。

（3）曲面粗切挖槽加工

① 选取加工机床类型，见图 6-72。

② 设置工件。在"操作管理"中单击 ⊟ 山 属性 - MILL-FANUC-3X+HTJG 节点前的"＋"，将该节点展开，然后单击 ◇ 毛坯设置 节点，系统弹出机床群组属性对话框，设置相关参数，完成后见图 6-73。

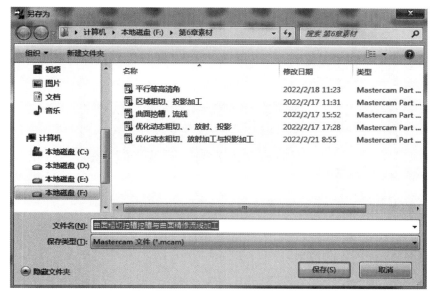

图 6-70　创建曲面粗切挖槽与曲面精修流线加工文件

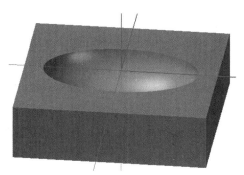

图 6-71　零件模型

图 6-72　选取加工机床类型

③ 定义加工曲面。点击 刀路 、 挖槽 ，选取加工平面及加工范围，见图 6-74。

④ 设定加工参数。

a. 根据零件图纸，选择刀具，完成后见图 6-75。

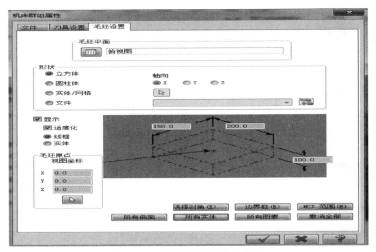

图 6-73　机床群组属性对话框

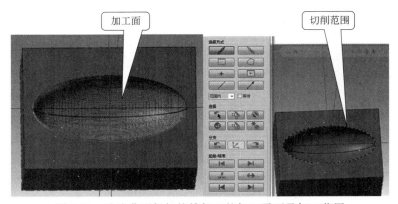

图 6-74　选取曲面粗切挖槽加工的加工平面及加工范围

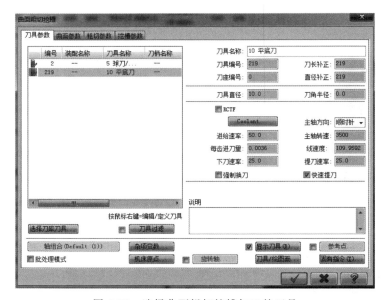

图 6-75　选择曲面粗切挖槽加工的刀具

b. 点击 **曲面参数** ，设置相关参数，见图 6-76。

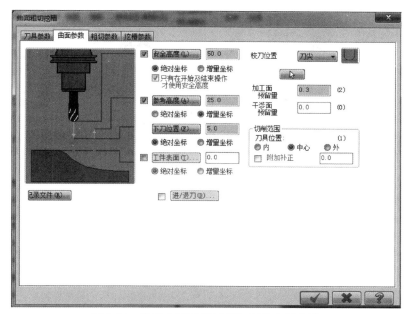

图 6-76　设置曲面粗切挖槽加工的曲面参数

c. 点击 **粗切参数** ，设置相关参数，见图 6-77。

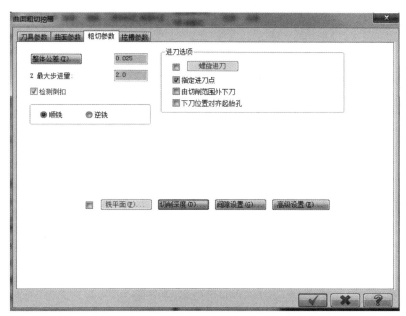

图 6-77　设置曲面粗切挖槽加工的粗切参数

d. 点击 **挖槽参数** ，设置相关参数，见图 6-78。

e. 设置完成后，加工路径见图 6-79。

⑤ 图形模拟。点击 操作管理 、 按钮，进行仿真，完成后见图 6-80。

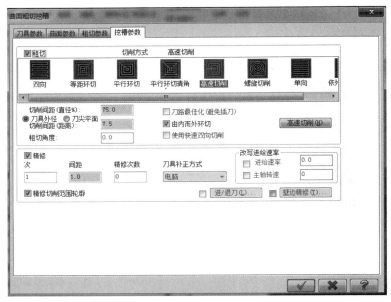

图 6-78　设置曲面粗切挖槽加工的挖槽参数

图 6-79　曲面粗切挖槽加工路径

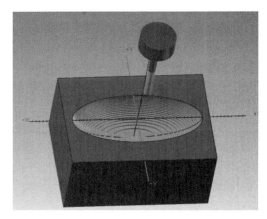

图 6-80　曲面粗切挖槽加工仿真模拟

⑥ 利用后处理生成 NC 程序。点击 操作管理 、 G1 按钮，生成加工程序，见图 6-81。

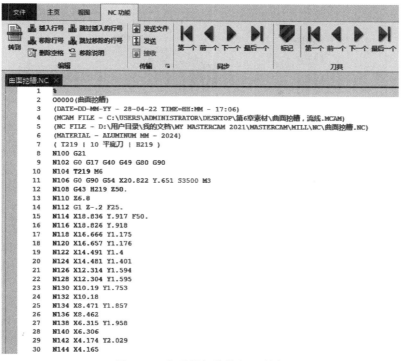

图 6-81　曲面粗切挖槽加工程序

（4）曲面精修流线加工

① 点击 隐藏曲面粗切挖槽加工路径，点击 刀路 、 流线 ，将会弹出选择实体面或曲面对话框。

a. 选择工件表面，完成后见图 6-82。

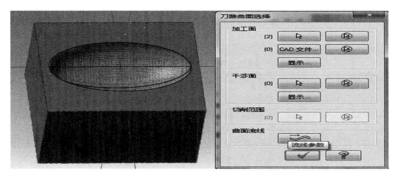

图 6-82　选择工件表面

b. 点击 曲面流线 ，见图 6-83。

❖ 补正方向：用于改变曲面加工部位。

❖ 切削方向：用于改变曲面加工时刀具轨迹的走向。

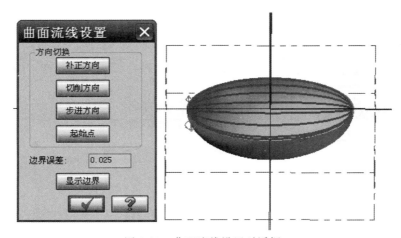

图 6-83 曲面流线设置对话框

❖ 步进方向：用于设置刀具轨迹由里向外还是由外向里加工。

❖ 起始点：此按钮用于改变曲面开始加工的位置。

② 设定加工参数。

a. 点击 ✔ ，根据零件图纸，选择刀具，完成后见图 6-84。

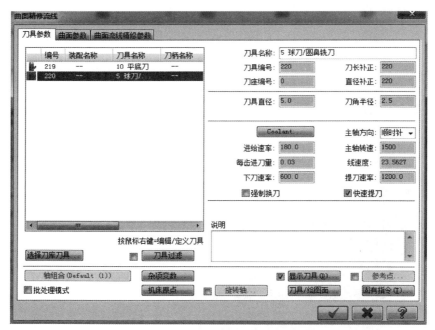

图 6-84 选择曲面精修流线加工刀具

b. 点击 **曲面参数** ，设置相关参数见图 6-85。

c. 点击 曲面流线精修参数 ，设置相关参数，见图 6-86。

d. 设置完成后，加工路径见图 6-87。

③ 图形模拟。点击 操作管理 、 ▨ 按钮，进行仿真，完成后见图 6-88。

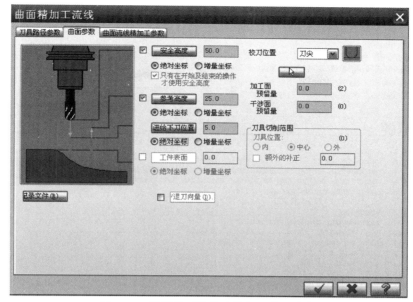

图 6-85　设置曲面精修流线加工曲面参数

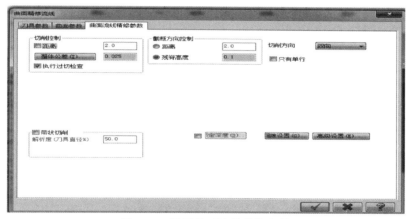

图 6-86　设置曲面流线精修参数

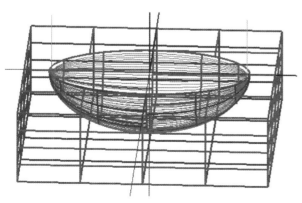

图 6-87　曲面精修流线加工路径

图 6-88　曲面精修流线加工仿真模拟

④ 利用后处理生成 NC 程序。点击 操作管理、G1 按钮，生成加工程序，见图 6-89。

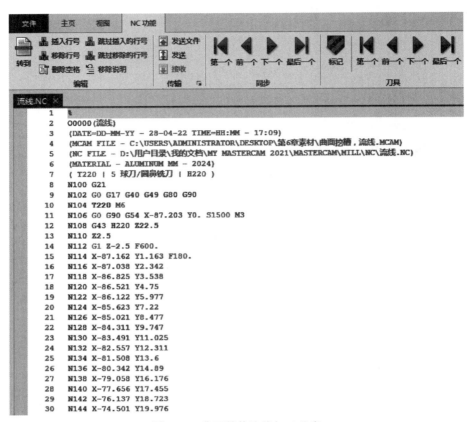

```
        文件    主页    视图    NC功能
        插入行号    跳过插入的行号    发送文件    第一个 前一个 下一个 最后一个  标记  第一个 前一个 下一个 最后一个
   转到  移除行号    跳过移除的行号    发送
        删除空格    移除说明          接收
                 编辑              传输          同步                        刀具

流线.NC
    1   %
    2   O0000 (流线)
    3   (DATE=DD-MM-YY - 28-04-22 TIME=HH:MM - 17:09)
    4   (MCAM FILE - C:\USERS\ADMINISTRATOR\DESKTOP\第6章素材\曲面挖槽，流线.MCAM)
    5   (NC FILE - D:\用户目录\我的文档\MY MASTERCAM 2021\MASTERCAM\MILL\NC\流线.NC)
    6   (MATERIAL - ALUMINUM MM - 2024)
    7   ( T220 | 5 球刀/圆鼻铣刀 | H220 )
    8   N100 G21
    9   N102 G0 G17 G40 G49 G80 G90
   10   N104 T220 M6
   11   N106 G0 G90 G54 X-87.203 Y0. S1500 M3
   12   N108 G43 H220 Z22.5
   13   N110 Z2.5
   14   N112 G1 Z-2.5 F600.
   15   N114 X-87.162 Y1.163 F180.
   16   N116 X-87.038 Y2.342
   17   N118 X-86.825 Y3.538
   18   N120 X-86.521 Y4.75
   19   N122 X-86.122 Y5.977
   20   N124 X-85.623 Y7.22
   21   N126 X-85.021 Y8.477
   22   N128 X-84.311 Y9.747
   23   N130 X-83.491 Y11.025
   24   N132 X-82.557 Y12.311
   25   N134 X-81.508 Y13.6
   26   N136 X-80.342 Y14.89
   27   N138 X-79.058 Y16.176
   28   N140 X-77.656 Y17.455
   29   N142 X-76.137 Y18.723
   30   N144 X-74.501 Y19.976
```

图 6-89　曲面精修流线加工程序

 习题

完成下列图形的刀具路径。

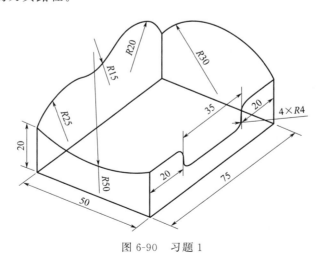

图 6-90　习题 1

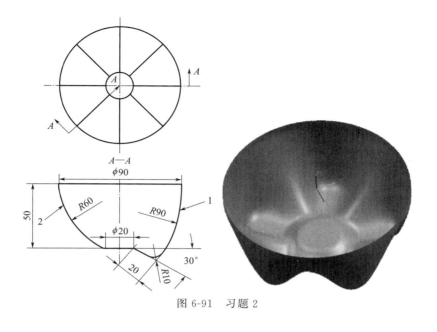

图 6-91　习题 2

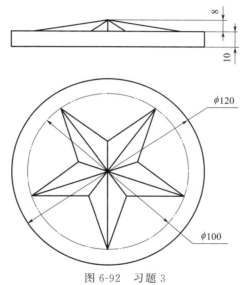

图 6-92　习题 3

第**7**章

车削加工

7.1 粗车

粗车是指车削中从毛坯上切去较多加工余量的过程。粗车所能达到的精度较低，加工表面较粗糙，而生产率较高，常为精加工的准备工序。

7.1.1 加工设备的选取

Mastercam 2020 软件车削模块常用的功能有粗车、精车、车端面、钻孔、沟槽和车螺纹等，我们通过构建车削轮廓图形，选择相应的加工功能，生成车削加工刀具路径，完成数控车削粗/精车、切槽和车螺纹等加工内容。

① 单击 机床 命令，再单击 车床 命令，见图 7-1。

图 7-1　机床类型

② 点击下拉菜单里的 管理列表(M)... 命令，见图 7-2。

7.1.2 刀具的设置

刀具的作用是在加工过程中切削工件，根据不同的工件形状需采用不同的刀具进行加工，刀具的材料也因工件材料的不同而发生变化。刀具设置步骤如下：

（1）选择刀具

在"机床群组"中单击"刀具群组"，单击"粗车"刀具路径，再单击**参数**节点，在弹出的粗车刀具路径对话框中单击**刀具参数**功能，在刀具参数对话框空白的地方单击鼠标右键选择**刀具管理**命令，见图 7-3。

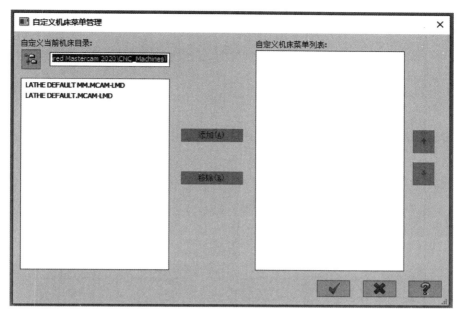

图 7-2　自定义机床菜单管理

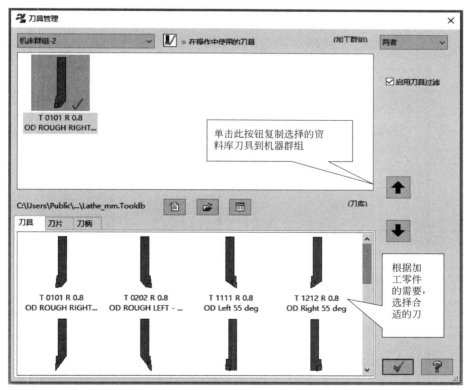

图 7-3　刀具管理对话框

（2）编辑刀具

① 当刀库中所选择的刀具不符合用户要求时，需要对所选择的刀具进行编辑。在刀具管理对话框中，选取需要编辑的刀具，见图 7-4。

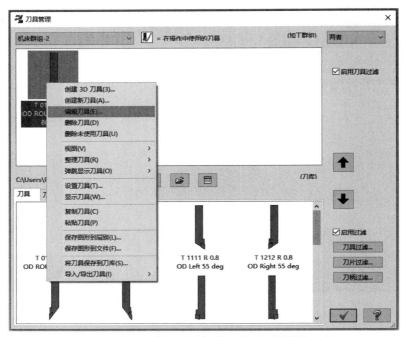

图 7-4　在刀具管理对话框中选择需要编辑的刀具

② 在刀具管理对话框空白的地方单击鼠标右键，选择"编辑刀具"，见图 7-5。

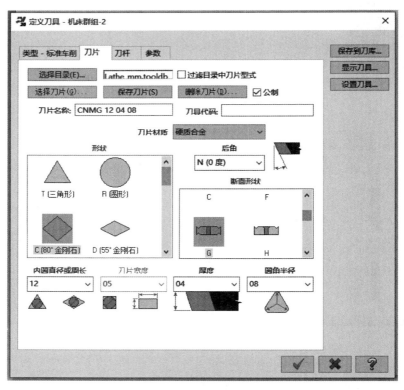

图 7-5　编辑刀具对话框

（3）创建刀具

① 当刀具库中没有用户所需刀具时，也可直接创建刀具。在刀具管理对话框空白的地方单击鼠标右键，见图 7-6。

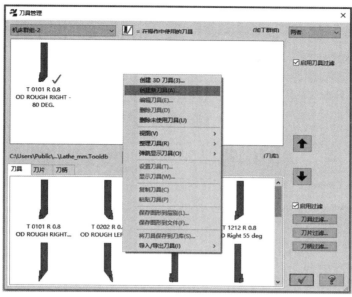

图 7-6　刀具管理对话框创建刀具

② 选择"创建新刀具"，见图 7-7。

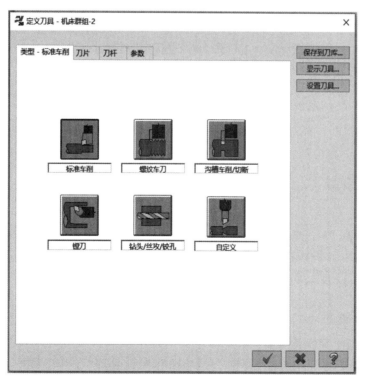

图 7-7　创建新刀具对话框

③ 在定义刀具对话框中选择"刀片"选项，在弹出的对话框中进行如下设置，见图 7-8。

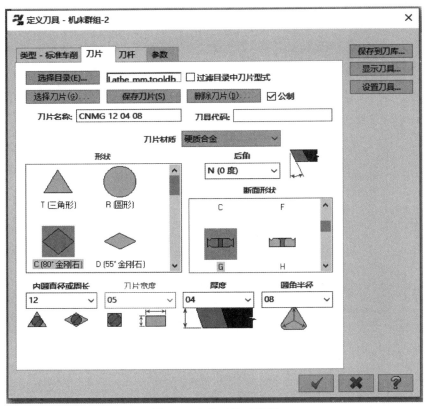

图 7-8　定义刀具对话框

④ 在"操作管理"中单击 ⊞-山 属性 - SZTU_4X_VMC_MILL 节点前的"＋"，将该节点展开，然后单击 ▓ 刀具设置 节点，系统弹出机床群组属性对话框，单击 刀具设置 页面材质选项中的 编辑... 按钮，见图 7-9，系统会弹出车床材料定义对话框，设置相关参数，完成后见图 7-10。

7.1.3　工件的设置

（1）材料设置

在"操作管理"中单击 ⊞-▓刀具群组-1 节点前的"＋"，将该节点展开，然后在 ⊟-▓ 1 - 粗车 - [WCS: 俯视图] - [刀具面: 车床左上刀塔] 节点上右击，依次选择"车床刀路""毛坯模型"，见图 7-11。系统会弹出毛坯模型对话框，设置相关参数，完成后见图 7-12。

（2）工件毛坯设置

圆柱体工件的设置，在"操作管理"中单击 ⊞-山 属性 - Lathe Default MM 节点前的"＋"，将该节点展开，然后单击 ◆ 毛坯设置节点，系统会弹出机床群组属性对话框，见图 7-13，再点击毛坯设置对话框页面里的 参数... ，系统会弹出机床组件管理-毛坯对话框，进行相应的参数设置，见图 7-14。

图 7-9　机床群组属性对话框

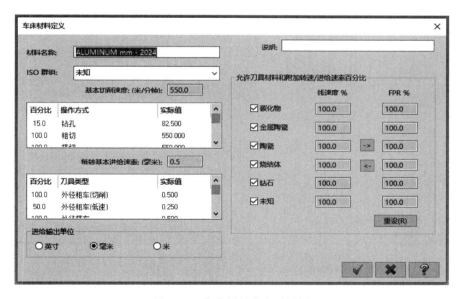

图 7-10　车床材料定义对话框

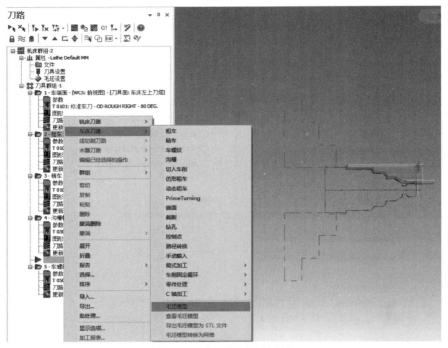

图 7-11　毛坯模型选择列表

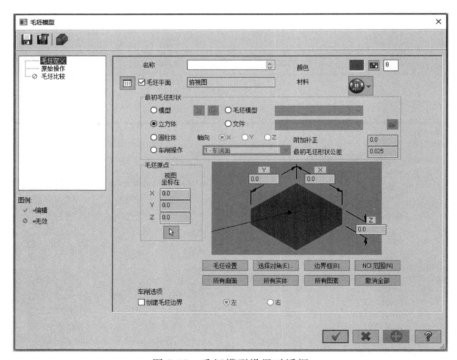

图 7-12　毛坯模型设置对话框

① 外径 35.0 选择... ：单击"选择"，系统会自动跳至图形画面，在图形中选择直径方向中最大尺寸点，外径设置完成，系统自动跳至毛坯设置对话框。

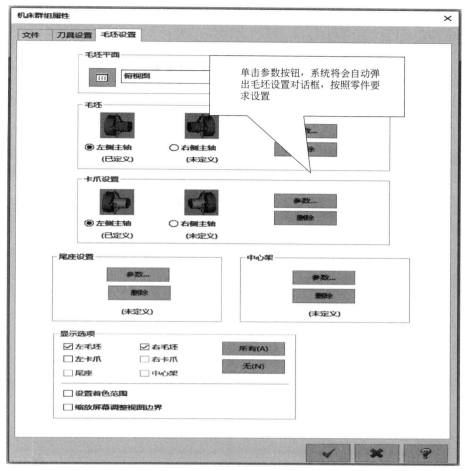

图 7-13　毛坯设置对话框

② 长度 67.0　选择…：单击"选择"，系统会自动跳至图形画面，在图形中单击能够反映最大长度尺寸的线段，长度设置完成，系统自动跳至毛坯设置对话框。

③ 轴向位置 Z 2.0 选择…：单击"选择"，系统会自动跳至图形画面，在图形中单击长度方向的起点，Z 值设置完成，系统自动跳至毛坯设置对话框。

④ 轴 Z ▽：选择"−Z"，零件的零点将会在右侧，选择"＋Z"，零件的零点将会在左侧，通常情况我们习惯把零件建立在右侧。

⑤ 预览边界(P)：单击此按钮可以跳至图形中看到毛坯设置后的红色双点画线工件范围。

7.1.4　粗车加工案例

粗车加工案例图如图 7-15 所示。

（1）创建文件

打开 Mastercam 2020 软件，单击菜单栏"文件"命令，点击"另存为"，在系统弹出的对话框中创建粗车零件图文件，见图 7-16。

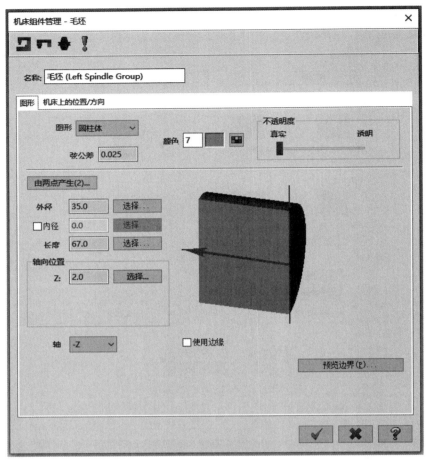

图 7-14　机床组件管理-毛坯对话框

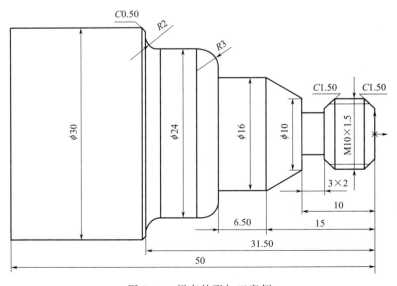

图 7-15　粗车外形加工案例

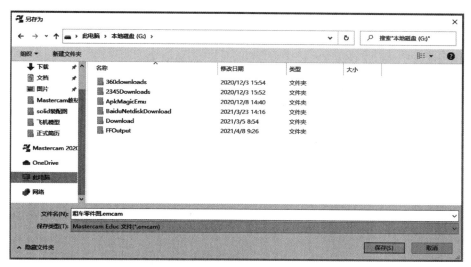

图 7-16　粗车零件图文件创建对话框

（2）创建零件模型

创建零件模型，完成后见图 7-17。

图 7-17　粗车零件加工模型

（3）用粗车指令完成台阶轴的加工

① 选取加工机床类型，见图 7-18。

图 7-18　车床类型选择列表

② 设置工件。

a. 在"操作管理"中单击 ⊟ 山 属性 - Lathe Default MM 节点前的"＋"，将该节点展开，然后单击 ◈ 毛坯设置节点，系统弹出机床群组管理-毛坯对话框，设置相关参数，完成后见图 7-19。

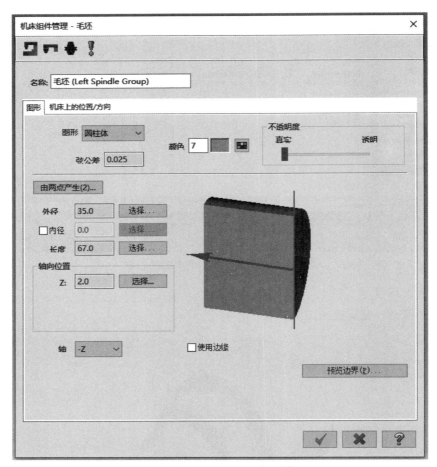

图 7-19　工件毛坯设置对话框

b. 对素材原点进行设置，设置完成后见图 7-20。

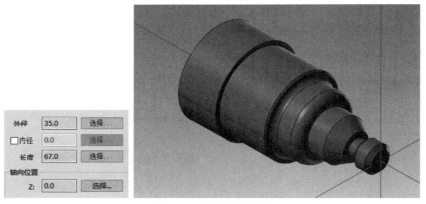

图 7-20　毛坯原点设置

c. 单击 ✓ ，毛坯已设置完成。

③ 定义加工轮廓。

a. 点击**车削**命令，单击标准模块中的  命令，见图 7-21。

图 7-21　创建粗车刀具路径

b. 在线框串连对话框中单击 部分串连按钮，单击零件最右侧起点线段，沿着红色箭头指示方向，再单击零件图粗车轮廓的结束点线段，单击 确定按钮，系统会弹出粗车刀具路径对话框，见图 7-22。

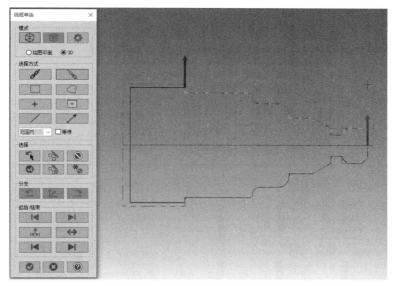

图 7-22　选取加工路径

❖ 按钮：串连。

❖ 按钮：部分串连。

❖ 按钮：窗选。

❖ 按钮：多边形。

❖ 按钮：单点。

❖ 按钮：区域。

❖ 按钮：单体。

❖ 按钮：向量。

❖ 按钮：选择上次。

❖ 按钮：相似串连。

- ❖ 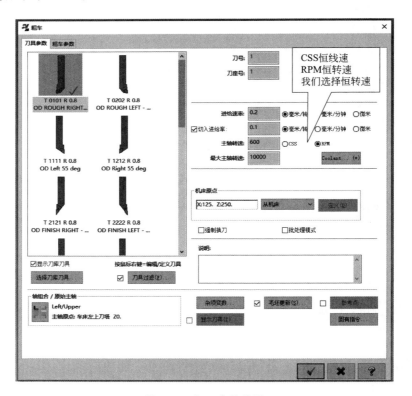 按钮：撤销选择。

- ❖ 按钮：结束串连。

- ❖ 按钮：相似串连选项。

- ❖ 按钮：撤销全部。

- ❖ 按钮：起始点向后。

- ❖ 按钮：起始点向前。

- ❖ 按钮：动态。

- ❖ 按钮：反向。常用于选择加工零件轮廓首位线段的换向。

- ❖ 按钮：结束点向后。

- ❖ 按钮：结束点向前。

- ❖ 按钮：确定。

- ❖ 按钮：取消。

- ❖ 按钮：帮助。

④ 设定加工参数。

a. 在粗车对话框中单击**刀具参数**，系统将进入粗车参数设置页面，根据零件加工要求设置合理参数，见图7-23。

图7-23　加工参数设置

b. 在粗车对话框中单击**粗车参数**，系统将进入粗车参数设置页面，根据零件加工要求设置合理参数，见图 7-24。

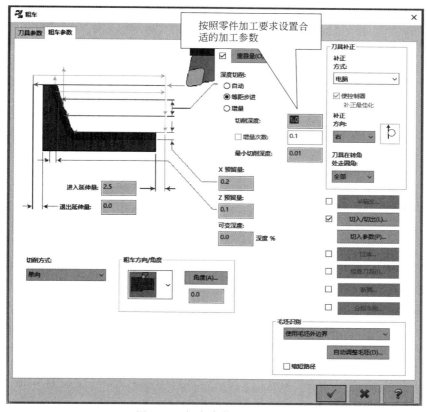

图 7-24　粗车参数设置对话框

❖　重叠量选项：通常默认开启，参数设置也选用系统默认，为粗加工时每次切削完成后刀具向 X 正方向的退刀量，目的是完善刀具每次切削相接的轮廓的光滑过渡形式。

❖　深度切削选项：

自动选项：粗加工每次切削的背吃刀量由软件自动计算分配，只需设置切削深度和最小切削深度值。

等距步进选项：粗加工每次的背吃刀量都是相等且固定的。

增量选项：通过设置首次与末次切削深度，控制刀具每次切削背吃刀量依次递增，通常用于加工压铸的表面余量不规则的毛坯零件。

❖　X 预留量文本框：粗加工时根据零件的材料以及精度要求选择合适的直径方向精加工预留量。

❖　Z 预留量文本框：粗加工时根据零件的材料以及精度要求选择合适的轴线方向精加工预留量。

❖　可变深度文本框：通过设置参数，可以让刀具切削零件时的背吃刀量以逐渐增大的形式呈现。

❖　进入延伸量文本框：刀具从安全位置快速定位至零件附近的起刀点，通常选择系统默认值，如果不设置此值，刀具就会快速定位至零件材料上，会发生撞刀的危险。

❖ 退出延伸量文本框：刀具切削完零件返回起刀点之前进行的退刀，通常选择系统默认值，此值可以不设定，不影响加工的安全性。

❖ 刀具补正方式选项：车削中通常选择系统默认。

电脑选项：软件自动计算出刀具补偿后的路径，可以不加进/退刀向量。后处理生成NC程序后无法更改，不能随意控制产品的加工尺寸。

控制器选项：生成的后处理程序中，带有G41/G42刀尖圆弧半径补偿指令。需要设置进/退刀向量，需要在机床刀补参数表的对应刀号内输入所用刀具的刀尖圆弧半径值，通过在该半径值的基础上加/减数值，可以随意调整尺寸来保证产品的公差。

磨损选项：已经带有刀尖半径补偿指令，只需在机床刀补参数表内输入加/减值，即可随意调整加工尺寸来保证产品的公差。

反向磨损选项：在火焰切割下料后，用白钢刀开粗的情况下，我们需要用到逆铣加工，需要使用程序中带G42的刀补，就选择这一项。做程序时应注意方向，是顺铣还是逆铣，G42在顺铣中使用的话，效果适得其反。

关选项：系统不会采用任何补偿模式，不会考虑刀具半径对实际加工的影响。刀具轨迹（刀具中心）与我们所选图素重合。适合铣面加工、密封槽加工、铣键槽等。

❖ 补正方向选项：通常选择系统默认，补正方向判断依据是沿着刀具前进的方向看，刀具在零件的左侧就是左补偿，刀具在零件的右侧就是右补偿。

❖ 刀具在转角处走圆角选项：通常选择系统默认。

❖ 切入/切出选项：粗加工时刀具在零件上的切入和切出设置，通常选择系统默认。

❖ 毛坯识别选项：

剩余毛坯选项：以之前刀路计算所剩余的毛坯为依据来进行本次操作刀路的计算。

使用毛坯外边界选项：本次刀路计算是在前一刀路的基础上向毛坯外边界延伸进行的，前一刀路计算过的毛坯余量将不再进行刀路计算。

仅延伸外形至毛坯选项：以本次刀路操作为依据，计算刀路延伸至毛坯外边界的刀路，与之前刀路计算的毛坯剩余没关系。

禁用识别毛坯选项：刀路路径计算不参考毛坯，以零件图形为参考计算刀路路径。

c. 设置完成后，加工路径见图7-25。

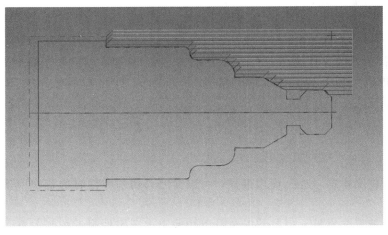

图7-25　外形铣削分层刀具路径

⑤ 操作管理：

a. 在"操作管理"中，显示刀具路径操作管理的选项，见图 7-26。

图 7-26 刀具路径操作管理选项卡

b. 单击🌊，显示刀具路径模拟设置选项，见图 7-27。

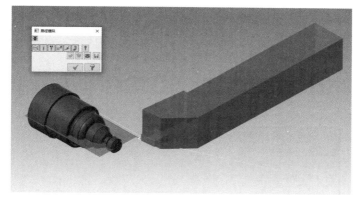

图 7-27 刀具路径模拟选项卡

c. 在"操作管理"中单击🐾按钮，进行实体仿真，完成后见图 7-28。

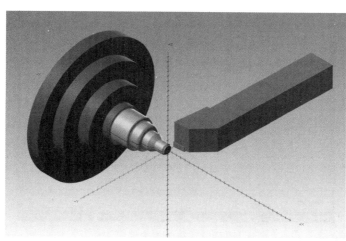

图 7-28 实体模拟

⑥ 利用后处理生成 NC 程序。在"操作管理"中单击 G1 按钮，系统会弹出后处理程序对话框，见图 7-29，单击 ✔ 按钮，在系统弹出的对话框中选择程序保存路径，见图 7-30。单击 保存(S)，系统弹出粗车加工程序，见图 7-31，由于粗加工程序段较多，图 7-31 中只显示收尾页部分程序。

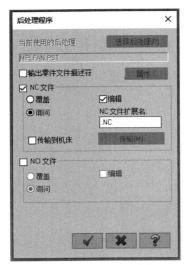

图 7-29　后处理程序对话框

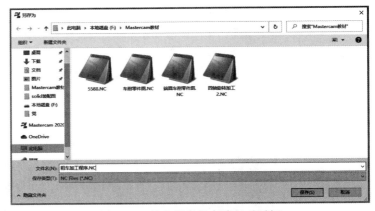

图 7-30　粗车程序保存路径对话框

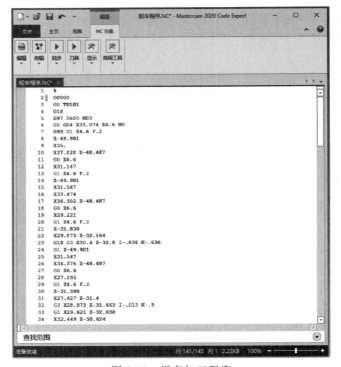

图 7-31　粗车加工程序

7.2　精车

　　精车是指在接近零件要求的尺寸时，既要考虑尺寸，又要考虑精度，进给量小，运转快，精度高的一种加工方法，精车是在粗车的基础上进行的。因此，本精车章节中的"加工设备的选取""刀具的设置"和"工件的设置"与粗车相同。

为了达到综合性学习车削零件的目的，保证车削零件加工各工序的连贯衔接，本章节我们以每个加工功能选择都与粗车相同的典型轴类零件作为案例讲解，如图 7-15 所示。

（1）创建文件

打开 Mastercam 2020 软件，单击菜单栏"文件"命令，点击"另存为"，在系统弹出的对话框中创建精车加工文件，见图 7-32。

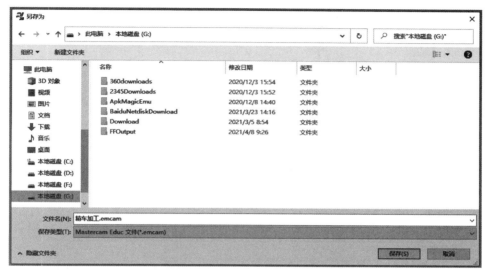

图 7-32　精车加工文件创建对话框

（2）用精车加工指令完成典型轴类零件的轮廓精车加工

选取加工机床类型和设置工件与粗车加工相同，这里不再进行讲述。

① 定义加工轮廓。

a. 点击**车削**命令，单击标准模块中的 ![精车] 命令，见图 7-33。

图 7-33　创建精车刀具路径

b. 在线框串连对话框中单击 ![串连] 部分串连按钮，单击零件最右侧起点的线段，沿着红色箭头指示方向，再单击零件图精车轮廓的结束点线段，单击 ![确定] 确定按钮，系统会弹出精车刀具路径对话框，见图 7-34。

② 设定加工参数

a. 在精车对话框中单击 **精车参数**，系统将进入精车参数设置页面，根据零件加工要求设置合理精车参数，见图 7-35。

b. 设置完成后，加工路径见图 7-36。

③ 操作管理。在"操作管理"中单击 ![按钮] 按钮，进行实体仿真，完成后见图 7-37。

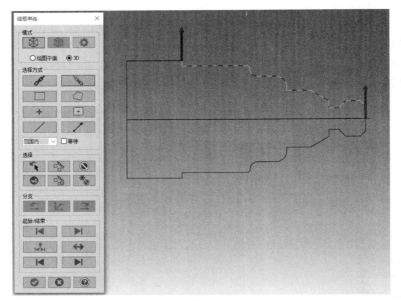

图 7-34　选取精车加工路径

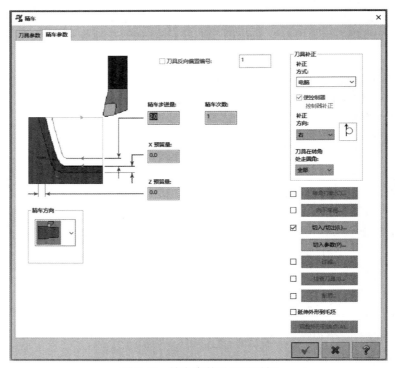

图 7-35　精车参数设置对话框

④ 利用后处理生成 NC 程序。在"操作管理"中单击 **G1** 按钮，系统会弹出后处理程序对话框，见图 7-29，单击 ✔ 按钮，在系统弹出的对话框中选择程序保存路径，见图 7-38。单击 保存(S) ，系统弹出精车加工程序，见图 7-39。

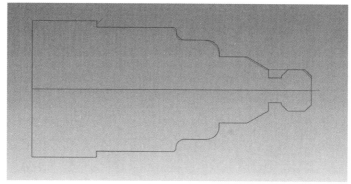

图 7-36　精车刀具路径

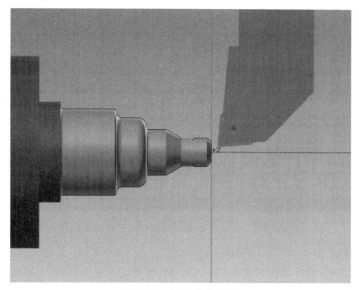

图 7-37　精车实体模拟

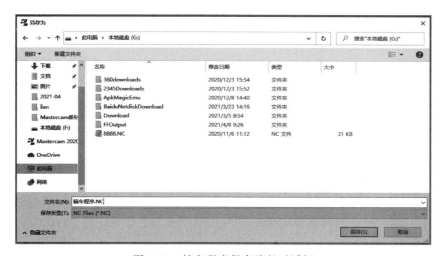

图 7-38　精车程序保存路径对话框

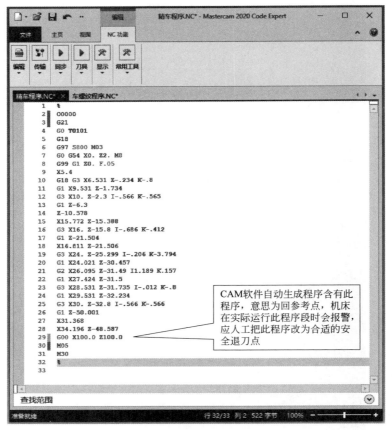

图 7-39　精车加工程序

7.3　沟槽

沟槽是指在工件上加工各种形状的槽子。常见的沟槽有外沟槽、内沟槽和端面沟槽。沟槽是车削中常见的加工内容。

（1）创建文件

打开 Mastercam 2020 软件，单击菜单栏"文件"命令，点击"另存为"，在系统弹出的对话框中创建车削沟槽文件，见图 7-40。

（2）用沟槽加工指令完成典型轴类零件的车槽加工

① 定义加工轮廓。

a. 点击 **车削** 命令，单击"标准"模块中的 命令，见图 7-41，系统将会出现以下画面，见图 7-42。

b. 在线框串连对话框中单击 部分串连按钮，单击零件最右侧起点的线段，沿着红色箭头指示方向，再单击零件图沟槽轮廓的结束点线段，单击 确定按钮，系统会弹出沟槽粗车对话框，见图 7-43。

② 设定加工参数。

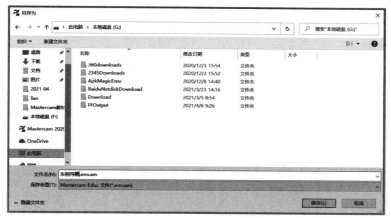

图 7-40 车削沟槽文件创建对话框

图 7-41 创建沟槽刀具路径

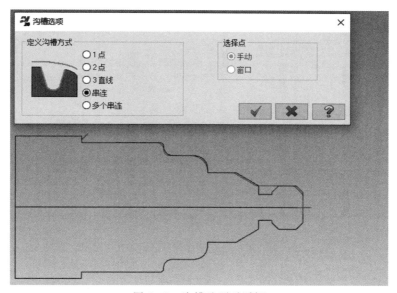

图 7-42 沟槽选项对话框

　　a. 在沟槽粗车对话框中单击**刀具参数**，系统将进入刀具参数设置页面，根据零件加工要求设置合理精车参数，见图 7-44。

　　b. 在沟槽粗车对话框中单击**沟槽形状参数**，系统将进入沟槽形状参数设置页面，根据零件加工要求设置合理沟槽形状参数，见图 7-45。

　　c. 在沟槽粗车对话框中单击**沟槽粗车参数**，系统将进入沟槽粗车参数设置页面，根据零件加工要求设置合理沟槽粗车参数，见图 7-46。

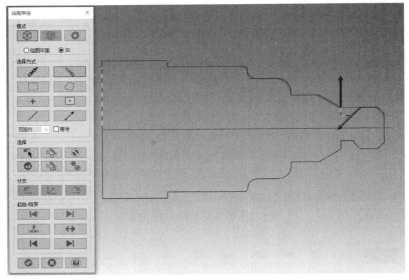

图 7-43　选取加工路径

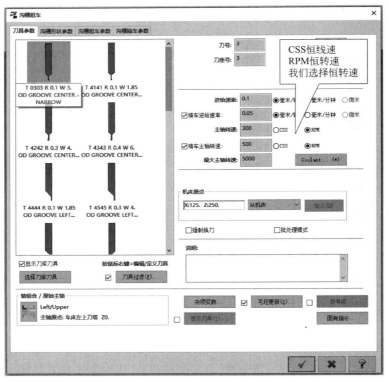

图 7-44　沟槽刀具设置对话框

d. 在沟槽粗车对话框中单击沟槽精车参数，系统将进入沟槽精车参数设置页面，根据零件加工要求设置合理沟槽精车参数，见图 7-47。

e. 设置完成后，加工路径见图 7-48。

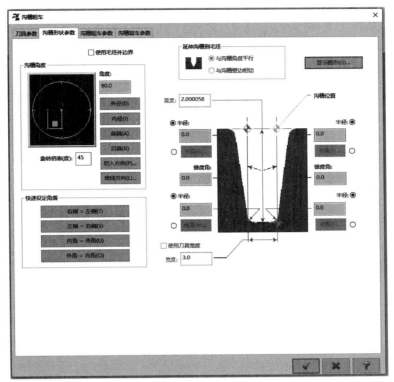

图 7-45 沟槽形状参数设置对话框

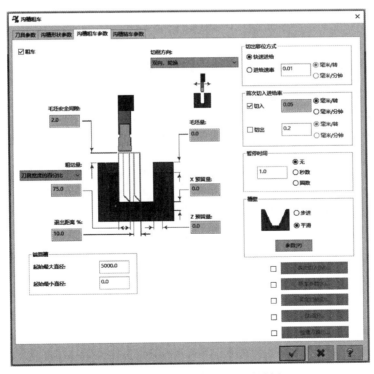

图 7-46 沟槽粗车参数设置对话框

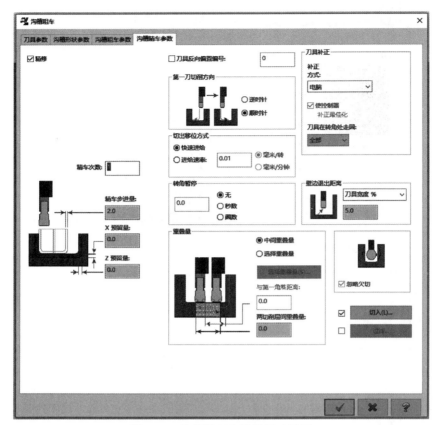

图 7-47　沟槽精车参数设置对话框

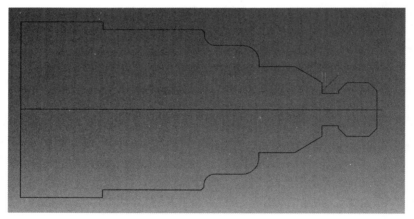

图 7-48　沟槽刀具路径

③ 操作管理。在"操作管理"中单击 🖢 按钮，进行实体仿真，完成后见图 7-49。

④ 利用后处理生成 NC 程序。在"操作管理"中单击 **G1** 按钮，系统会弹出后处理程序对话框，见图 7-29，单击 ✅ 按钮，在系统弹出的对话框中选择程序保存路径，见图 7-50。单击 **保存(S)** ，系统弹出沟槽加工程序，见图 7-51。

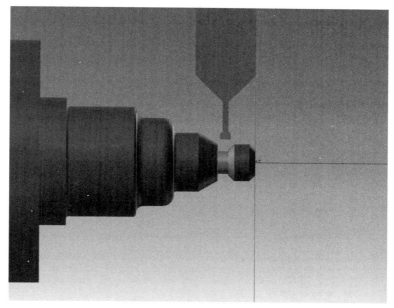

图 7-49　实体模拟

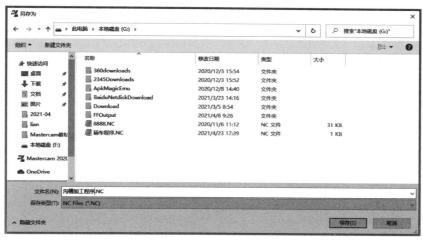

图 7-50　沟槽加工程序保存路径对话框

7.4　车螺纹

车螺纹是指螺纹加工过程，具体是指工件旋转一圈，车刀沿工件轴线移动一个导程，刀刃的运动轨迹就形成了工件的螺纹表面。螺纹车削，分为内螺纹和外螺纹。车削螺纹进刀方式分为直向进给和侧向进给。

（1）创建文件

打开 Mastercam 2020 软件，单击菜单栏"文件"命令，点击"另存为"，在系统弹出的对话框中创建车螺纹文件，见图 7-52。

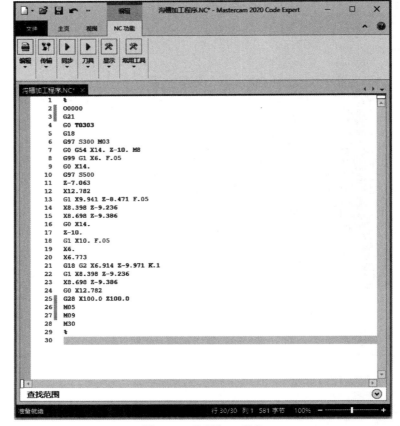

图 7-51 沟槽加工程序

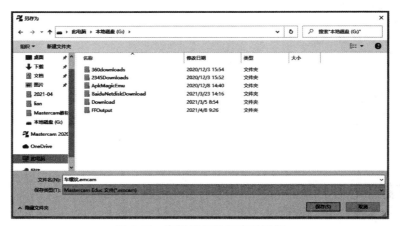

图 7-52 车螺纹文件创建对话框

（2）用车螺纹指令完成典型轴类零件上的螺纹加工

① 定义加工轮廓。点击**车削**命令，单击"标准"模块中的 命令，见图 7-53，系统将会出现图 7-54 所示画面。

图 7-53　创建螺纹加工路径

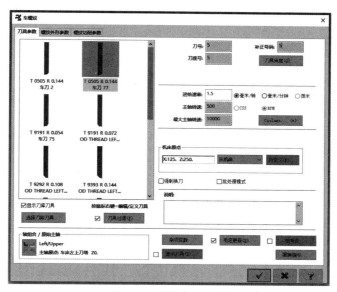

图 7-54　选取加工路径

② 设定加工参数

a. 在车螺纹对话框中单击**螺纹外形参数**，系统将进入螺纹外形参数设置页面，根据零件加工要求设置合理螺纹外形参数，见图 7-55。

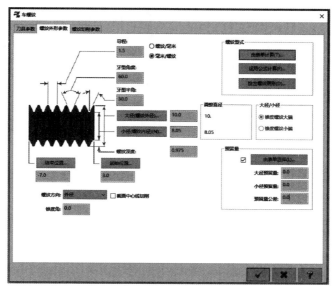

图 7-55　螺纹外形参数设置对话框

b. 在车螺纹对话框中单击 **螺纹切削参数**，系统将进入螺纹切削参数设置页面，根据零件加工要求设置合理螺纹车削参数，见图 7-56。

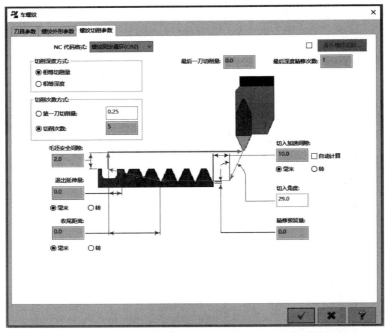

图 7-56　螺纹切削参数设置对话框

c. 设置完成后，单击 ✓ 确定键，加工路径见图 7-57。

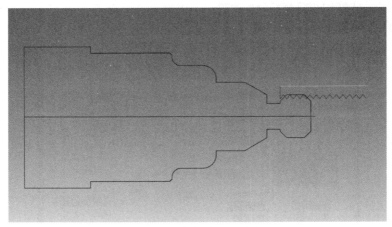

图 7-57　车螺纹刀具路径

③ 操作管理。在"操作管理"中单击 按钮，进行实体仿真，完成后见图 7-58。

④ 利用后处理生成 NC 程序。在"操作管理"中单击 G1 按钮，系统会弹出后处理程序对话框，见图 7-29，单击 ✓ 按钮，在系统弹出的对话框中选择程序保存路径，见图 7-59。单击 保存(S) ，系统弹出车螺纹加工程序，见图 7-60。

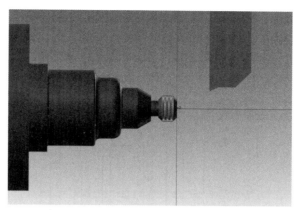

图 7-58　车螺纹实体模拟

图 7-59　车螺纹程序保存路径对话框

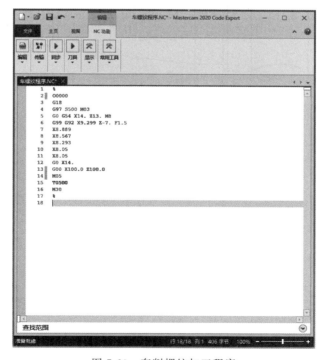

图 7-60　车削螺纹加工程序

根据零件图的要求，完成下列图形的刀具路径。

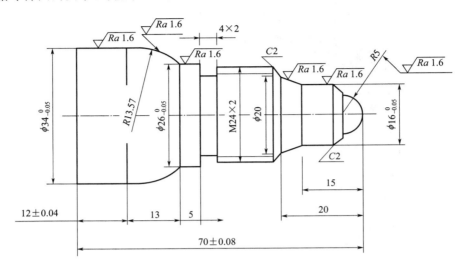

图 7-61 习题 1

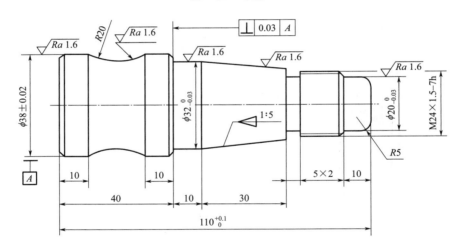

图 7-62 习题 2

参考文献

〔1〕 李明，何宏伟.Mastercam 应用软件实训〔M〕. 北京：机械工业出版社，2008.

〔2〕 李锋，郭倩，杨保香.Mastercam x6 造型与数控加工案例教程〔M〕. 北京：化学工业出版社，2017.

〔3〕 赵国增，王建军.机械 CAD/CAM（Mastercam）〔M〕. 北京：高等教育出版社，2021.

〔4〕 钟日铭，王伟.Mastercam 三维造型与数控加工〔M〕. 北京：机械工业出版社，2017.